영재학급, 영재교육원, 경시대회 준비를 위한

창의사고력 초등 수학 팩토

이 책의 구성과 특징

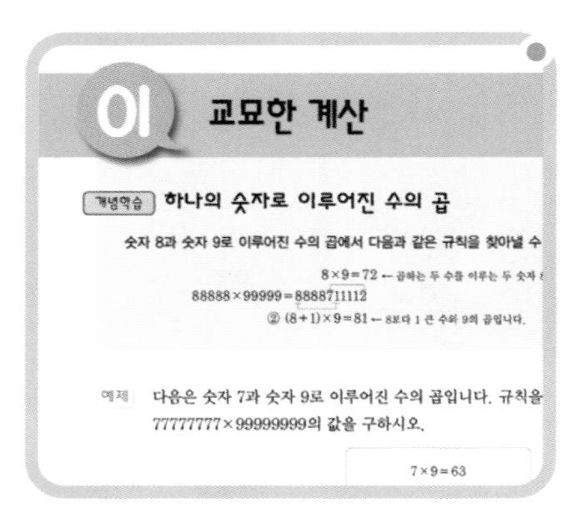

개념학습

'창의사고력 수학' 여기서부터 출발!!
다양한 예와 그림으로 알기 쉽게 설명해 주는 개념학습, 개념을 바탕으로 풀 수 있는 핵심 예제 가 소개됩니다.
생각의 방향을 잡아 주는 강의노트를 따라 가다 보면 어느새 원리가 머리에 쏙쏙!

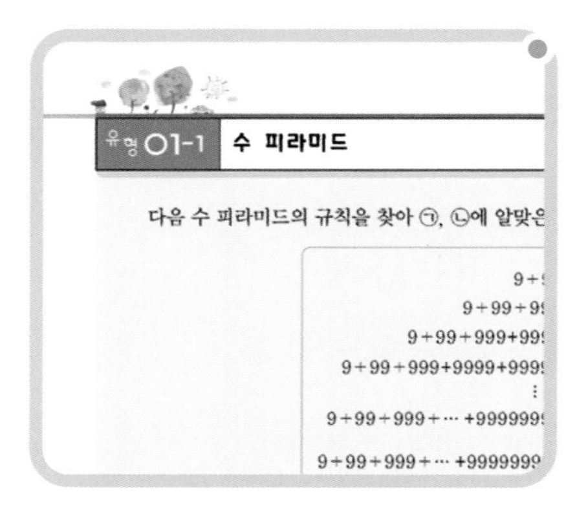

유형탐구

창의사고력 주요 테마의 각 주제별 대표유형을 소개합니다.
한발 한발 차근차근 단계를 밟아가다 보면 문제해결의 실마리를 찾을 수 있습니다.

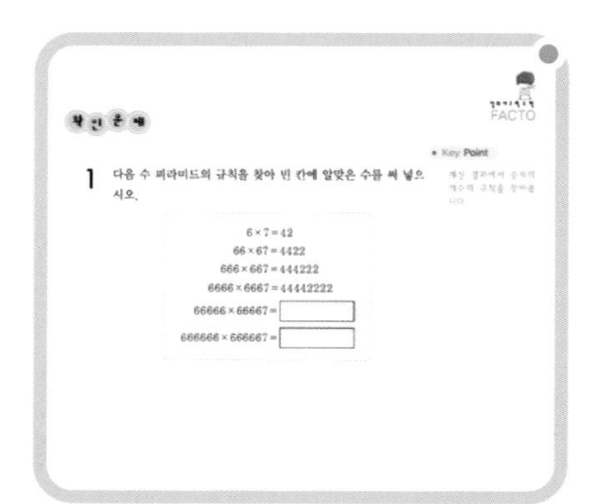

확인문제

개념학습과 유형탐구에서 익힌 원리를 적용하여 새로운 문제를 해결해가는 확인문제입니다.
핵심을 콕콕 집어 주는 친절한 Key Point를 이용하여 문제를 해결하고 나면 사고력이 어느새 성큼! 실력이 쑥!

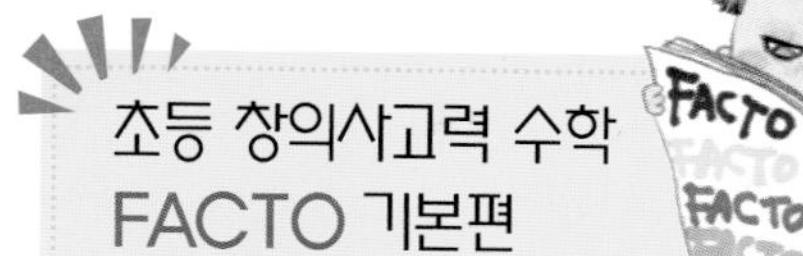

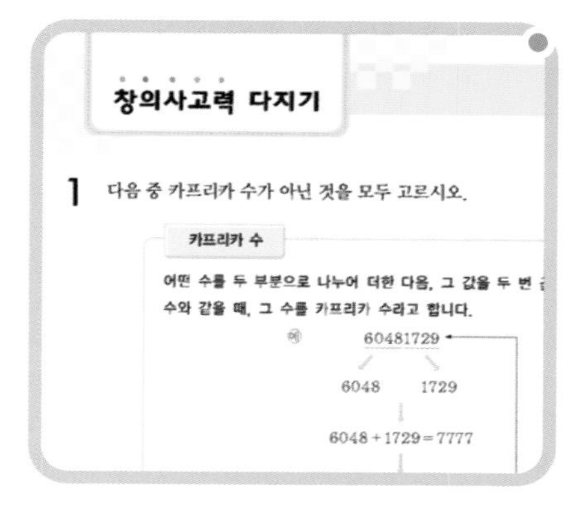

창의사고력 다지기

1 다음 중 카프리카 수가 아닌 것을 모두 고르시오.

카프리카 수

어떤 수를 두 부분으로 나누어 더한 다음, 그 값을 두 번

수와 같을 때, 그 수를 카프리카 수라고 합니다.

예 60481729

6048 1729

6048 + 1729 = 7777

창의사고력 다지기

앞에서 익힌 탄탄한 기본 실력을 바탕으로
창의력 · 사고력을 마음껏 발휘해 보세요.
창의적인 생각이 논리적인 문제해결 능력으로
완성됩니다.

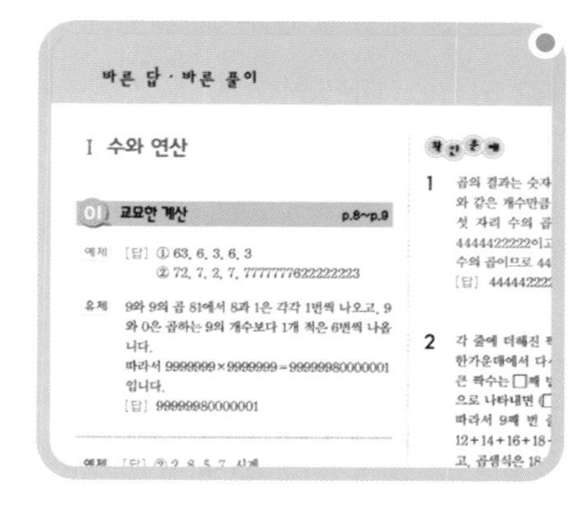

바른 답 · 바른 풀이

I 수와 연산

01 교묘한 계산 p.8~p.9

예제 [답] ① 63, 6, 3, 6, 3
② 72, 7, 2, 7, 77777776222222223

유제 9와 9의 곱 81에서 8과 1은 각각 1번씩 나오고, 9와 0은 곱하는 9의 개수보다 1개 적은 6번씩 나옵니다.
따라서 9999999 × 9999999 = 99999980000001입니다.
[답] 99999980000001

바른 답 · 바른 풀이

바른 답 · 바른 풀이와 함께
문제를 쉽게 접근할 수 있는 방법이 상세하게
제시되어 있습니다.

이 책의 차례

Ⅰ. 수와 연산

01 교묘한 계산 8

02 도형이 나타내는 수 16

03 목표수 만들기 24

Ⅱ. 언어와 논리

04 여러 가지 로직 퍼즐 34

05 대칭성을 이용한 승리 전략 42

06 성냥개비 퍼즐 50

Ⅲ. 도형

07 직육면체와 정육면체 60

08 전개도 68

09 주사위의 칠점 원리 76

Ⅳ. 규칙과 문제해결력

10 여러 가지 수열 86

11 배열의 규칙 94

12 약속과 암호 102

Ⅴ. 측정

13 단위넓이 112

14 합동을 이용한 도형의 넓이 120

15 도형의 둘레와 넓이 128

머리말

서로 다른 펜토미노 조각 퍼즐을 맞추어 직사각형 모양을 만들어 본 경험이 있는지요?

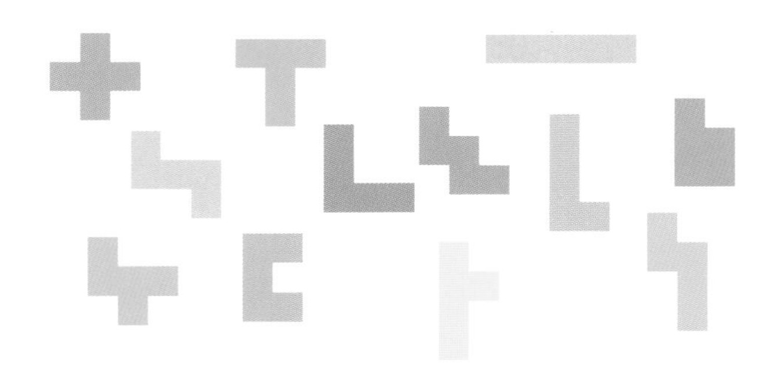

한참을 고민하여 스스로 완성한 후 느끼는 행복은 꼭 말로 표현하지 않아도 알겠지요. 퍼즐 놀이를 했을 뿐인데, 여러분은 펜토미노 12조각을 어느 사이에 모두 외워버리게 된답니다. 또, 보도블록을 보면서 조각 맞추기를 하고, 화장실 바닥과 벽면의 조각들을 보면서 멋진 퍼즐을 스스로 만들기도 한답니다.
이 과정에서 공간에 대한 감각과 또 다른 퍼즐 문제, 도형 맞추기, 도형 나누기에 대한 자신감도 생기게 되지요. 완성했다는 행복감보다 더 큰 자신감과 수학에 대한 흥미가 생기게 되는 것입니다.

팩토가 만드는 창의사고력 수학은 바로 이런 것입니다.

수학 문제를 한 문제 풀었을 뿐인데, 그 결과는 기대 이상으로 여러분을 행복하게 해 줍니다. 학교에서도 친구들과 다른 멋진 방법으로 문제를 해결할 수 있고, 중학생이 되어서는 더 큰 꿈을 이루는 밑거름이 되어 줄 것입니다.
물론 고민하고, 시행착오를 반복하는 것은 퍼즐을 맞추는 것과 같이 여러분들의 몫입니다. 팩토는 여러분에게 생각할 수 있는 기회를 주고, 그 과정에서 포기하지 않도록 여러분들을 도와주는 친구일 뿐입니다.
자, 그럼 시작해 볼까요? 팩토와 함께 초등학교에서 배우는 기본을 바탕으로 창의사고력 주요 테마의 각 주제를 모두 여러분의 것으로 만들어 보세요.

Ⅰ 수와 연산

01 교묘한 계산

02 도형이 나타내는 수

03 목표수 만들기

수와 연산

01 교묘한 계산

개념학습 하나의 숫자로 이루어진 수의 곱

숫자 8과 숫자 9로 이루어진 수의 곱에서 다음과 같은 규칙을 찾아낼 수 있습니다.

① $8\times9=72$ ← 곱하는 두 수를 이루는 두 숫자 8과 9의 곱입니다.

$88888\times99999=8888711112$

② $(8+1)\times9=81$ ← 8보다 1 큰 수와 9의 곱입니다.

예제 다음은 숫자 7과 숫자 9로 이루어진 수의 곱입니다. 규칙을 찾아 77777777×99999999의 값을 구하시오.

$7\times9=63$

$77\times99=7623$

$777\times999=776223$

$7777\times9999=77762223$

⋮

강의노트

① 두 숫자 7과 9의 곱은 [　] 이므로 두 숫자 [　] 과 [　] 을 씁니다.

$77777777\times99999999=$ [　] [　] [　] [　]

② 규칙에 따라 7보다 1 큰 수와 9의 곱인 [　] 의 두 숫자 [　] 과 [　] 는 [　] 번씩 나옵니다.

따라서 두 수의 곱은 [　] 입니다.

유제 다음 식을 보고, 규칙을 찾아 9999999×9999999를 계산하시오.

$9\times9=81$

$99\times99=9801$

$999\times999=998001$

$9999\times9999=99980001$

⋮

개념학습 **142857의 비밀**

여섯 자리 수 142857을 이용한 곱과 합에서 여러 가지 재미있는 규칙을 발견할 수 있습니다.

$142857 \times 7 = 999999$ $142 + 857 = 999$ $14 + 28 + 57 = 99$

예제 다음은 여섯 자리 수 142857에 1에서 6까지의 수를 각각 곱하여 나타낸 것입니다. 규칙을 찾아 빈칸에 알맞은 수를 구하시오.

$142857 \times 1 = 142857$
$142857 \times 2 = 285714$
$142857 \times 3 = 428571$
$142857 \times 4 =$ ☐
$142857 \times 5 = 714285$
$142857 \times 6 = 857142$

강의노트

① 142857과 1에서 3까지의 곱은 다음과 같습니다.

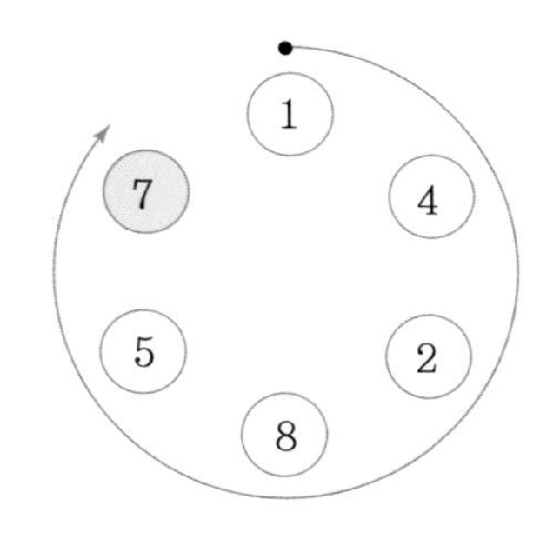

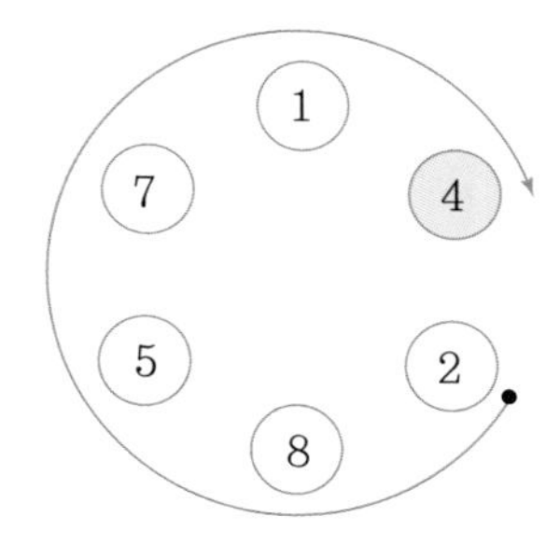

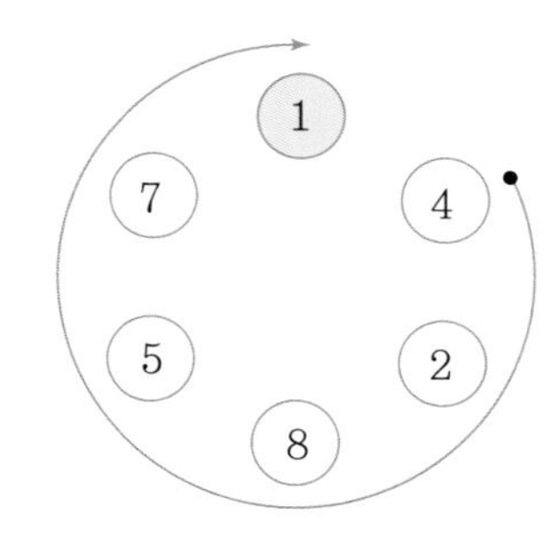

$142857 \times 1 = 142857$ $142857 \times 2 = 285714$ $142857 \times 3 = 428571$

② 두 수의 곱은 숫자 1, 4, ☐, ☐, ☐, ☐이 (시계, 시계 반대) 방향으로 돌아가며 차례대로 나옵니다.

③ 142857×4의 일의 자리 숫자는 ☐이므로 두 수의 곱은 ☐입니다.

유형 01-1 수 피라미드

다음 수 피라미드의 규칙을 찾아 ㉠, ㉡에 알맞은 수를 구하시오.

$$9+99=108$$
$$9+99+999=1107$$
$$9+99+999+9999=11106$$
$$9+99+999+9999+99999=111105$$
$$\vdots$$
$$9+99+999+\cdots+99999999=\boxed{㉠}$$
$$9+99+999+\cdots+999999999=\boxed{㉡}$$

1 계산 결과의 일의 자리 숫자, 십의 자리 숫자, 백의 자리 이상 숫자의 규칙을 찾아 쓰시오.

2 규칙에 맞게 ㉠, ㉡에 알맞은 수를 쓰시오.

3 다음 수 피라미드의 규칙을 찾아 빈칸에 알맞은 수를 써넣으시오.

$$1\times1=1$$
$$11\times11=121$$
$$111\times111=12321$$
$$\vdots$$
$$111111111\times111111111=\boxed{\quad}$$

확인문제

Key Point

계산 결과에서 숫자의 개수의 규칙을 찾아봅니다.

1 다음 수 피라미드의 규칙을 찾아 빈칸에 알맞은 수를 써넣으시오.

$$6 \times 7 = 42$$
$$66 \times 67 = 4422$$
$$666 \times 667 = 444222$$
$$6666 \times 6667 = 44442222$$
$$66666 \times 66667 = \square$$
$$666666 \times 666667 = \square$$

수 피라미드의 규칙을 찾아봅니다.

2 다음은 짝수로 만든 수 피라미드입니다. 규칙을 찾아 빈칸에 알맞은 식을 써넣으시오.

1째 번	2	$=2\times1$
2째 번	$2+4+2$	$=4\times2$
3째 번	$2+4+6+4+2$	$=6\times3$
4째 번	$2+4+6+8+6+4+2$	$=8\times4$
5째 번	$2+4+6+8+10+8+6+4+2$	$=10\times5$
⋮	⋮	⋮
9째 번	$\square$	$=\square$

유형 01-2 (어떤 수)×(숫자 9로 이루어진 수)

다음 곱셈식에서 규칙을 찾아 빈칸에 알맞은 수를 써넣으시오.

$$5\times9=45$$

$$25\times99=2475$$

$$325\times999=324675$$

$$7325\times9999=73242675$$

$$\vdots$$

$$82917325\times99999999=\square$$

1 곱의 결과를 숫자의 개수가 같게 두 부분으로 나누어 보시오. 색칠한 앞부분의 수는 어떤 규칙이 있습니까?

곱셈식	앞부분	뒷부분
$5\times9=$	4	5
$25\times99=$	24	75
$325\times999=$	324	675
$7325\times9999=$	7324	2675

2 **1**에서 앞부분의 수와 뒷부분의 수를 더하여 □ 안에 써넣으시오. 두 수의 합은 어떤 규칙이 있습니까?

4	5	➡ $4+5=9$
24	75	➡ $24+75=\square$
324	675	➡ $324+675=\square$
7324	2675	➡ $7324+2675=\square$

3 **1**, **2**에서 발견한 규칙을 이용하여 빈칸에 알맞은 수를 써넣으시오.

1 다음 곱셈식에서 규칙을 찾아 빈칸에 알맞은 수를 구하시오.

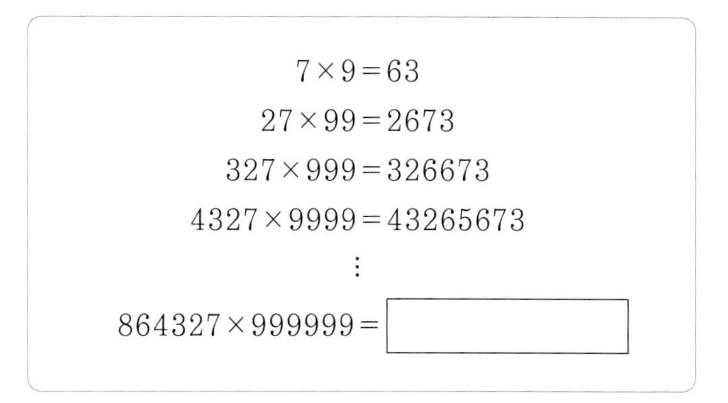

$7 \times 9 = 63$

$27 \times 99 = 2673$

$327 \times 999 = 326673$

$4327 \times 9999 = 43265673$

⋮

$864327 \times 999999 = \square$

Key Point

계산 결과를 앞의 여섯 자리와 뒤의 여섯 자리로 나누어 생각합니다.

2 올림픽 야구를 응원하기 위해 광장에 모인 사람들의 수가 다음과 같이 일정한 규칙으로 늘어납니다. 결승전을 응원하기 위해 광장에 모인 사람들은 몇 명입니까?

$7 \times 9 = 63$	⬅	예선
$7 \times 99 = 693$	⬅	32강
$7 \times 999 = 6993$	⬅	16강
⋮		
$7 \times 999999 = \square$	⬅	결승

계산 결과에서 수가 변하는 규칙을 찾습니다.

창의사고력 다지기

1 다음 중 카프리카 수가 아닌 것을 모두 고르시오.

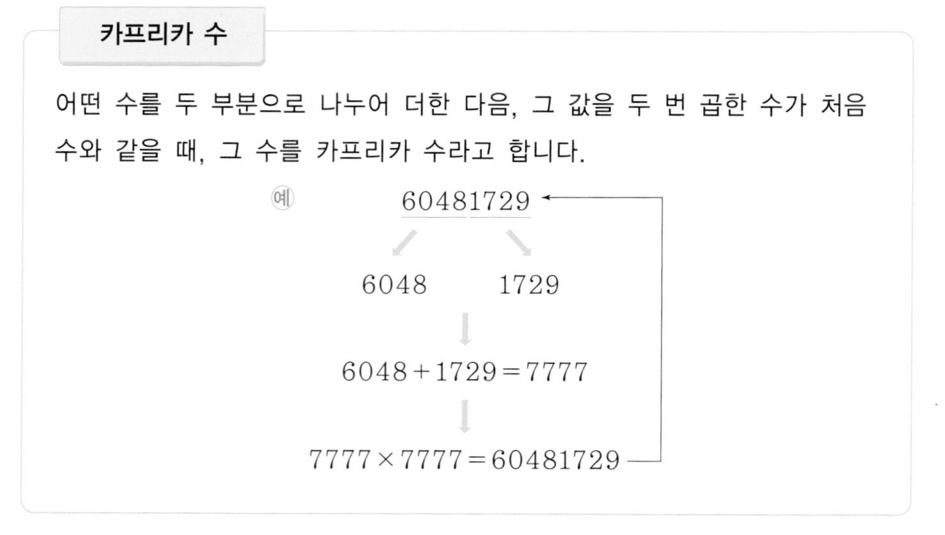

카프리카 수
어떤 수를 두 부분으로 나누어 더한 다음, 그 값을 두 번 곱한 수가 처음 수와 같을 때, 그 수를 카프리카 수라고 합니다.
예
60481729
6048
1729
6048+1729=7777
7777×7777=60481729

① 2025　② 81　③ 3969
④ 3123　⑤ 9801

2 다음 식의 규칙을 찾아 ㉮와 ㉯에 알맞은 수를 각각 구하시오.

$0 \times 9 + 1 = 1$

$1 \times 9 + 2 = 11$

$12 \times 9 + 3 = 111$

$\boxed{㉮} \times 9 + 4 = 1111$

⋮

$1234567 \times 9 + 8 = \boxed{㉯}$

3 다음 곱셈식의 규칙을 찾아 999999×555555의 값을 구하시오.

$$9 \times 5 = 45$$
$$99 \times 55 = 5445$$
$$999 \times 555 = 554445$$
$$\vdots$$
$$999999 \times 555555 = \square$$

4 옛날에 어느 마을의 부자가 농부에게 자신의 땅에 농사를 지어 주면 다음과 같은 방법으로 돈을 주겠다고 하였습니다. 농부가 15일 동안 일을 한다면 받을 수 있는 돈은 얼마입니까?

1일: 1000원
2일: (1000+2000+1000)원
3일: (1000+2000+3000+2000+1000)원
4일: (1000+2000+3000+4000+3000+2000+1000)원
5일: (1000+2000+3000+4000+5000+4000+3000+2000+1000)원
⋮

02 도형이 나타내는 수

개념학습 고대의 수

다음은 아라비아 숫자가 사용되기 이전에 고대 사람들이 사용한 수입니다.

예제 |보기|를 보고 다음 식을 계산하고, 그 결과를 고대의 수로 나타내시오.

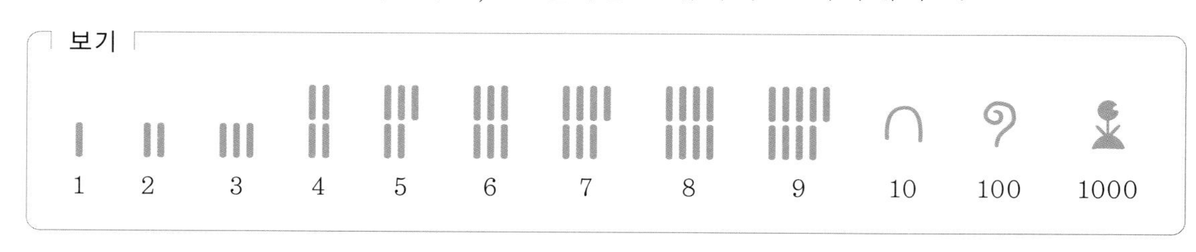

강의노트

① 더해지는 수는 (1000)은 2개, (100)은 4개, (10)은 3개, |은 6개이므로 ☐ 입니다.

② 더하는 수는 (1000)은 1개, (100)은 7개, (10)은 6개, |은 5개이므로 ☐ 입니다.

③ ①, ②에서 구한 수를 더하면 ☐ 이므로 이 수를 고대의 수로 나타내면

☐ 입니다.

유제 다음 식의 계산 결과를 고대의 수로 나타내시오.

1	2	3	4	5	6	9	10	50	100	500

개념학습 도형이 나타내는 수

색칠한 칸의 위치에 따라 서로 다른 수를 나타냅니다.
각 자리의 원이 나타내는 수를 왼쪽과 같이 약속할 때, 오른쪽과 같이 수를 나타낼 수 있습니다.

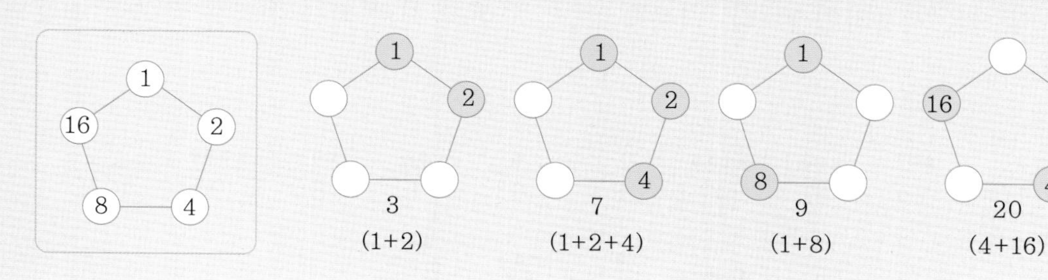

예제 |보기|와 같이 수를 나타낼 때, 식의 계산 결과를 |보기|와 같은 도형으로 나타내시오.

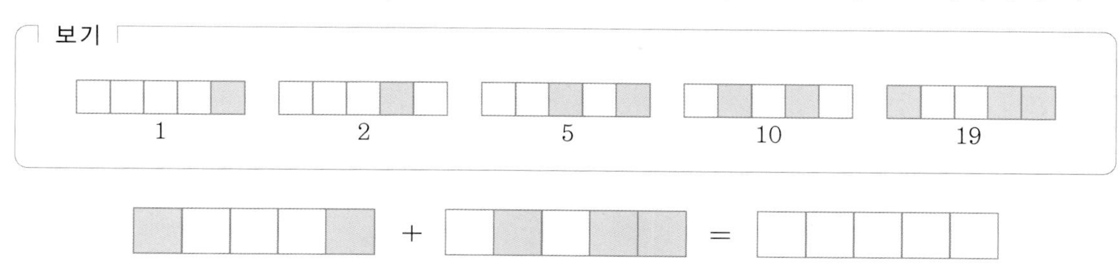

+ =

강의노트

① 각 칸이 나타내는 수는 | | | | 2 | 1 | 입니다.

② | 16 | | | | 1 | 이 나타내는 수는 □ 이고, | | 8 | | 2 | 1 | 이 나타내는 수는 □ 이므로 두 수의 합은 □ 입니다.

③ 두 수의 합을 각 칸이 나타내는 수의 합으로 나타내면 □ + □ + □ 이므로 그림으로 나타내면

유제 |보기|와 같이 수를 나타낼 때, 식의 계산 결과를 |보기|와 같은 도형으로 나타내시오.

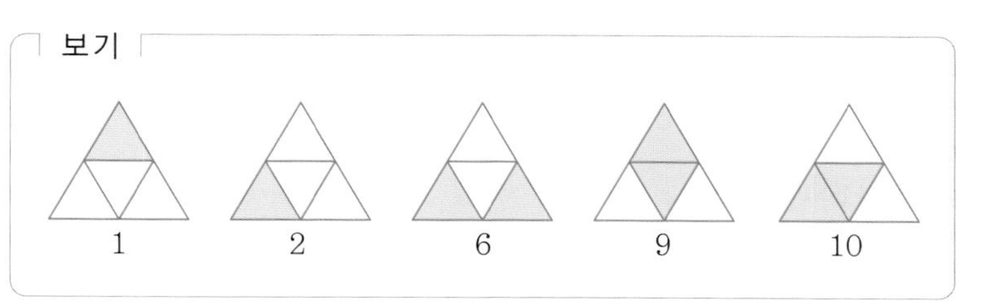

+

유형 O2-1 마야의 수

다음은 고대 마야인들이 수를 나타내던 방법입니다. 마야인들은 세로로 수를 표현하였는데, 위로 한 칸씩 올라갈수록 높은 자리를 나타내고, 그 자릿값은 20배씩 커지는 방식을 사용하였습니다. 다음을 보고, 주어진 식의 계산 결과를 마야의 수로 나타내시오.

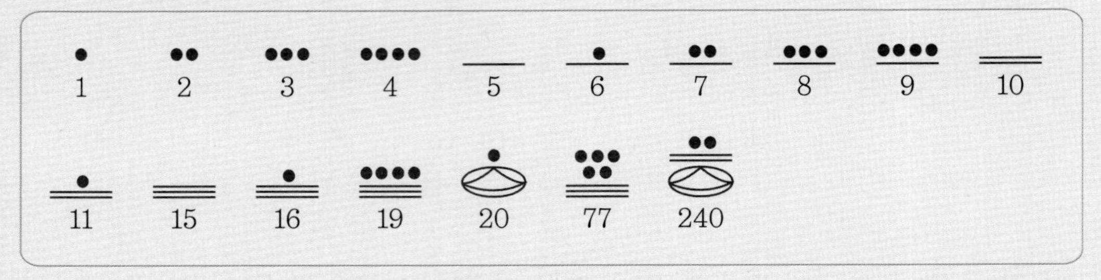

＋

1 다음 수에서 각 도형이 나타내는 수를 쓰시오.

●●● ➡ □　　　　●● ➡ □

2 ●●● 와 ●● 이 나타내는 수의 합은 77입니다. ●●● 와 ●● 의 자릿값을 각각 쓰시오.

●●● ➡ □의 자리　　　　●● ➡ □의 자리

3 와 이 나타내는 수를 각각 구하시오.

4 두 수의 합을 마야의 수로 나타내시오.

1, 5, 10, 50, 100을 나타내는 각 도형의 개수를 세어 수를 구합니다.

1 고대 스위스의 농부들은 다음과 같은 모양을 사용하여 위에서부터 아래로 써 내려가는 방법으로 수를 나타내었습니다. 식의 계산 결과를 아라비아 숫자로 나타내시오.

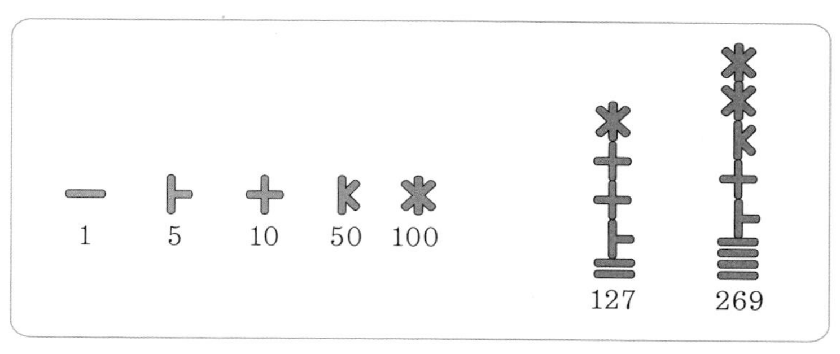

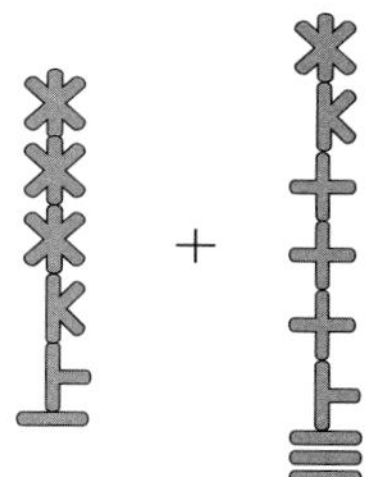

작은 정사각형이 나타내는 수를 각각 구합니다.

2 그림과 같은 방법으로 수를 나타낼 때, 규칙을 찾아 84를 나타내시오.

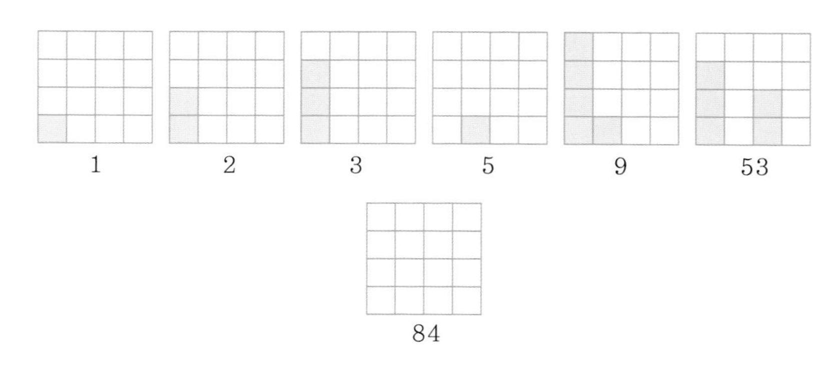

유형 02-2 알파벳이 나타내는 수

다음 5개의 식을 모두 만족하는 A, B, C, D, E, F는 1에서 9까지의 수 중에서 서로 다른 수를 나타냅니다. 각각의 알파벳이 나타내는 수를 구하시오.

① $A+B=C$
② $A\times B=B$
③ $C\times C=D$
④ $B\times E=B+F$
⑤ $A+B+E=F$

1 ②에서 $A\times B=B$를 만족하는 A의 값을 구하시오.

2 ③에서 C가 될 수 있는 수를 모두 구하시오.

3 **2**에서 구한 값들 중에서 ①의 식을 만족하는 C의 값을 구하고, 이때의 B와 D의 값도 각각 구하시오.

4 A, B, C, D의 값을 이용하여 ④와 ⑤의 식을 만족하는 E, F의 값을 각각 구하시오.

확인문제

1 다음 5개의 식을 모두 만족하는 A, B, C, D, E, F는 1에서 9까지의 수 중에서 서로 다른 수를 나타냅니다. A, B, C, D, E, F가 나타내는 수를 각각 구하시오.

- $F \times C = C$
- $E \times E = D$
- $F + C = E$
- $A \times C = B + C$
- $E + D + C = F + B + A$

Key Point

첫째 번, 둘째 번 식에서 F와 E의 값을 먼저 구합니다.

2 다음 식에 사용된 도형 ■, ▲, ●, ◆, ◉, ▣은 0, 1, 2, 3, 4, 5 중 서로 다른 수를 나타냅니다. 각 도형이 나타내는 수를 구하시오.

- ▲ + ◆ = ▲
- ▣ × ● = ●
- ◉ + ◉ = ■
- ■ − ▣ = ●

Key Point

먼저 첫째 번 식에서 ◆가 나타내는 수를 구합니다.

창의사고력 다지기

1 다음 그림에서 같은 모양은 같은 수를 나타내고, 오른쪽과 아래에 쓰여진 수는 각 줄의 합을 나타냅니다. ㉠, ㉡에 알맞은 수의 합은 얼마입니까?

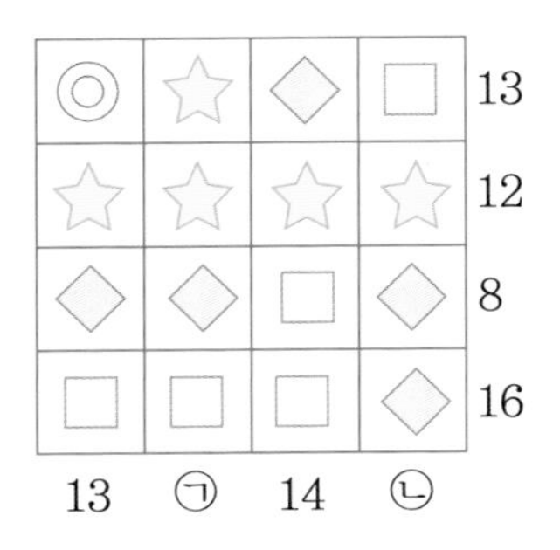

2 다음은 어떤 |규칙|에 따라 수를 나타낸 것입니다.

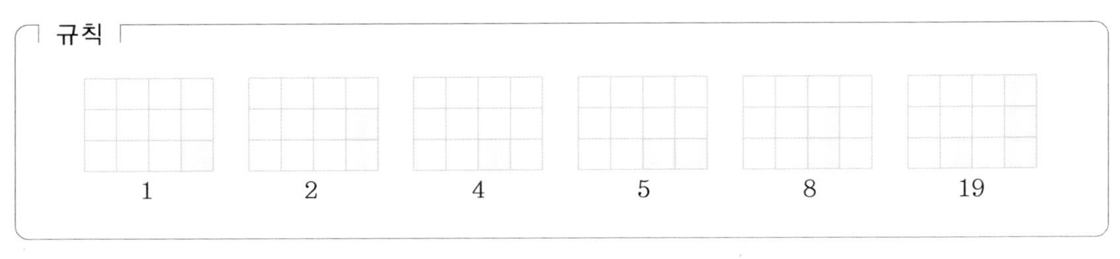

이 나타내는 수는 얼마입니까?

3 다음은 로마 숫자로 나타낸 수입니다. 로마 수는 큰 숫자 뒤에 작은 숫자가 오면 두 수의 합, 큰 숫자 앞에 작은 숫자가 오면 두 수의 차를 나타냅니다. 다음을 보고 주어진 식의 결과를 로마 수로 나타내시오.

Ⅰ	Ⅱ	Ⅲ	Ⅳ	Ⅴ	Ⅵ	Ⅶ	Ⅷ	Ⅸ	X	L	C	D	M
1	2	3	4	5	6	7	8	9	10	50	100	500	1000

예 CDLⅣ = 454, DXCⅢ = 593

CMLXⅦ − DCXLⅧ

4 다음 A, B, C, D, E는 0, 1, 2, 4, 6의 5개의 수 중 서로 다른 수를 나타냅니다. A×E의 값을 구하시오.

- C + D = D
- E + D = A
- B × D = D
- E ÷ D = D

03 목표수 만들기

개념학습 목표수 만들기

주어진 수와 +, −, ×, ÷, ( ) 등을 사용하여 여러 가지 방법으로 목표한 수를 만들 수 있습니다. 이때, 주어진 수로 간단한 식을 만든 후에, 그 식에 사용된 수를 다른 수를 이용해서 만들면 편리합니다.

주어진 수가 $\frac{1}{2}$, 1.5, 2, 4, 5, 20이고, 목표수가 10인 경우

5×2=10을 만들 수 있고, 이 식에 사용된 5나 2를 다른 수를 이용한 식으로 바꾸면 또 다른 식을 만들 수 있습니다.

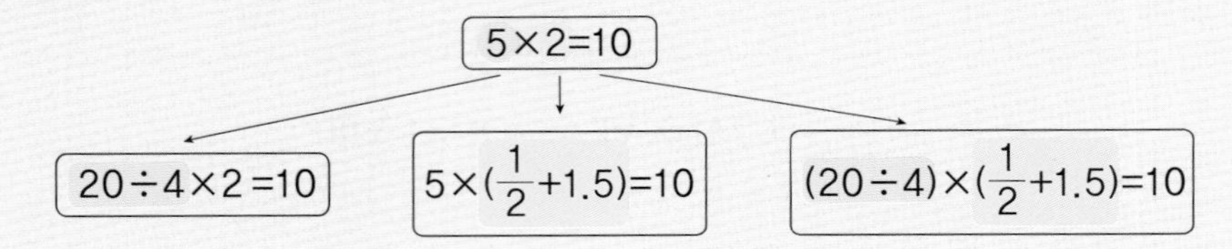

예제 다음 수 중에서 2개 이상의 수와 +, −, ×, ÷, ( ) 등을 사용하여 계산 결과가 10이 되는 식을 8개 이상 만들어 보시오.

$\frac{1}{2}$ 1 1.5 2 2.5 4 6 10 20

강의노트

4+6=10을 이용하여 또 다른 식을 만들면

(1.5+2.5)+6=10, 4+(　　　　)=10,

(　　　　)+(1.5+2+2.5)=10, (　　　　)+6=10,

4+(　　　　)=10, (　　　　)+(　　　　)=10

또, $20\times\frac{1}{2}=10$을 이용하여

(　　　　)$\times\frac{1}{2}=10$, 20×(　　　　)=10

등의 식을 만들 수 있습니다. 이 외에도 여러 가지가 있습니다.

유제 다음 수 중에서 2개 이상의 수와 +, −, ×, ÷, ( ) 등을 사용하여 계산 결과가 15가 되는 식을 가능한 한 많이 만들어 보시오.

$\frac{1}{3}$ 2 3 5 9 10 15 30 45

개념학습 수 사이에 +, -를 넣어 목표수 만들기

① 주어진 수 사이에 모두 +를 넣을 때의 계산 결과와 + 대신 -를 하나 넣을 때의 계산 결과의 차는 빼는 수의 두 배가 됩니다.

$$1+2+3+4+5+6=21,\quad 1+2+3-4+5+6=13 \quad \rightarrow \quad 21-13=8\ (=4\times2)$$

② 주어진 목표수가 숫자 사이에 모두 +를 넣을 때보다 큰 수일 때는 이웃한 수를 붙여 두 자리 수 또는 세 자리 수를 만듭니다. 수를 붙여 큰 수를 만들 때에는 목표수와 가깝게 만드는 것이 편리합니다.

1, 2, 3, 4, 5, 6, 7로 52를 만들 때에는 먼저 4, 5를 붙여 52에 가까운 45를 만든 다음, 나머지 수와 +, -를 사용하여 52를 만듭니다.

$$1+2+3+45-6+7=52$$

예제 다음 ○ 안에 +, -를 넣어 등식이 성립하도록 만들어 보시오.

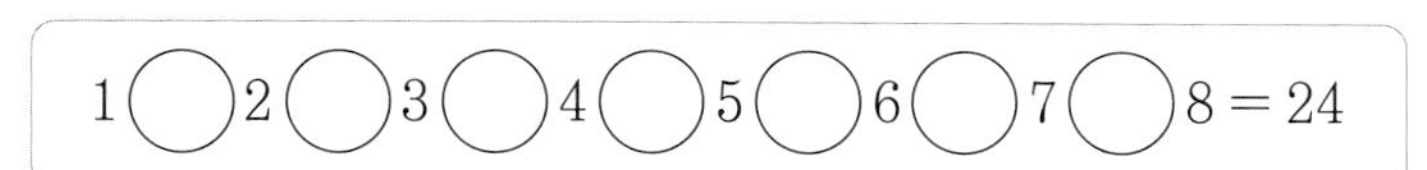

강의노트

① 1+2+3+4+5+6+7+8=☐이므로 24가 되려면 ☐만큼 작아져야 합니다.

② + 한 개를 -로 바꾸면 빼는 수의 두 배만큼 작아지므로 1+2+3+4+5+6+7+8에서 ☐을 뺄셈식으로 바꾸면 됩니다.

1 ○ 2 ○ 3 ○ 4 ○ 5 ○ 6 ○ 7 ○ 8 = 24

유제 등식이 성립하도록 주어진 숫자 사이에 +, -를 써넣으시오. (단, 숫자를 이어 붙여 두 자리 수를 만들어 계산해도 됩니다.)

1 2 3 4 5 6 = 21

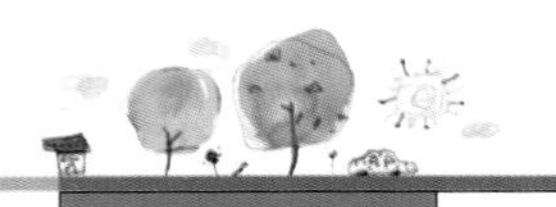

유형 03-1 여러 가지 방법으로 목표수 만들기(1)

다음은 1, 2, 3, 4, 5, 6, 7의 숫자 사이에 +와 −를 써넣어 계산 결과가 77이 되는 식을 만든 것입니다. 이와 같은 방법으로 계산 결과가 74인 식을 2개 만들어 보시오.

$$1 \quad 2 \quad 3-4 \quad 5+6-7=77$$

1 두 수를 이어 붙여 74에 가장 가까운 수를 만들면 얼마입니까?

2 **1**에서 만든 수를 사용하여 다음 등식이 성립하도록 주어진 숫자 사이에 +, −를 알맞게 써넣으시오.

$$1 \quad 2 \quad 3 \quad 4 \quad 5 \quad 6 \quad 7=74$$

3 두 수를 이어 붙여 만든 수 중에서 **1**에서 만든 수를 제외하고 74에 가장 가까운 수를 만들면 얼마입니까?

4 **3**에서 만든 수를 사용하여 다음 등식이 성립하도록 주어진 숫자 사이에 +, −를 알맞게 써넣으시오.

$$1 \quad 2 \quad 3 \quad 4 \quad 5 \quad 6 \quad 7=74$$

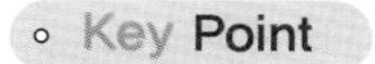

1 ○ 안에 +, −를 써넣어 계산 결과가 100이 되는 식을 만들어 보시오.

123 ○ 4 ○ 5 ○ 67 ○ 89 = 100

Key Point

100 = 123 − 23이므로 123을 제외한 나머지 수로 23을 만들어 빼 줍니다.

2 다음과 같이 1에서 9까지의 수가 차례로 나열되어 있습니다. 이 수들 사이에 +를 7번 넣어 108이 되는 식을 만들어 보시오.

1　2　3　4　5　6　7　8　9 = 108

두 수 △, □를 붙여서 두 자리 수 △□를 만들면, 계산 결과는 45보다 10×△+□−△−□=9×△ 만큼 커집니다.

유형 03-2 여러 가지 방법으로 목표수 만들기(2)

숫자 1, 2, 3, 3, 3, 3, 5, 9와 +, −, ×, ÷, ( )를 사용하여 계산 결과가 104가 되는 서로 다른 식을 2개 만들어 보시오.

1 2 3 3 3 3 5 9 = 104

1 3, 3, 5, 9를 사용하여 104에 가까운 수 92를 만들어 보시오.

2 1, 2, 3, 3을 사용하여 92와 104와의 차를 만들어 보시오.

3 1과 2를 이용하여 104가 되는 식을 만들어 보시오.

4 3, 3, 5, 9를 사용하여 78을 만들어 보시오.

5 104와 78의 차를 1, 2, 3, 3을 사용하여 만들어 보시오.

6 4, 5를 이용하여 104가 되는 식을 완성하시오.

확인문제

1 네 장의 수 카드와 +, −, ×, ÷, ( )를 사용하여 계산 결과가 1이 되는 식을 만들어 보시오.

5 11 13 15

Key Point

5, 13, 15를 사용하여 11과의 차가 1이 되는 식을 만듭니다.

2 주어진 숫자 사이에 +, −, ×, ÷, ( )를 써넣어 등식이 성립하도록 만들어 보시오. (단, 모든 숫자 사이에 기호가 들어갈 필요는 없습니다.)

2 3 5 8 8 8 9 = 69

2, 3, 5를 사용하여 69에 가장 가까운 수를 만듭니다.

창의사고력 다지기

1 다음 등식이 성립하도록 ◯ 안에 + 또는 −를 알맞게 써넣으시오.

2 다음 5장의 숫자 카드와 +, −, ×, ÷, (　)를 써서 계산 결과가 10이 되는 여러 가지 식을 만들어 보시오. (단, 숫자 카드 2장으로 두 자리 수를 만들어 계산해도 됩니다.)

1　2　3　4　5

3 8, 88, 888, ⋯ 등의 숫자 8로만 이루어진 수들을 더하여 1000이 되는 식을 만들려고 합니다. 숫자 8이 가장 적게 사용된 식에는 8이 모두 몇 번 사용됩니까?

4 ◯ 안에 +, −, ×, ÷를 한 번씩만 써넣어 여러 가지 식을 만들 수 있습니다. 계산 결과가 가장 큰 수와 가장 작은 수를 각각 구하시오.

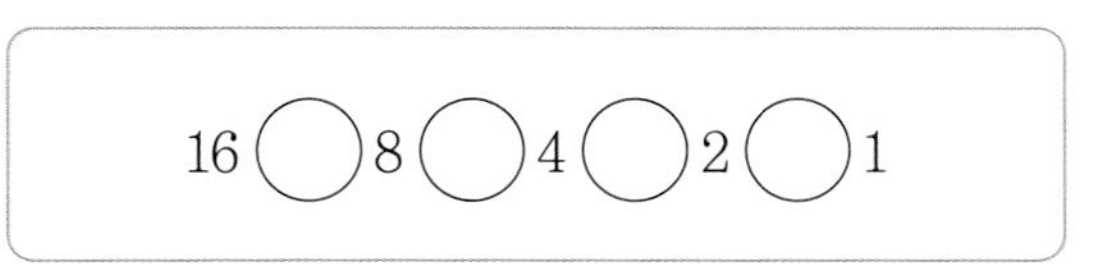

Memo

Ⅱ 언어와 논리

04 여러 가지 로직 퍼즐

05 대칭성을 이용한 승리 전략

06 성냥개비 퍼즐

언어와 논리

04 여러 가지 로직 퍼즐

개념학습 선잇기 퍼즐

• 선잇기 퍼즐은 노노그램을 대표하는 퍼즐 중의 하나입니다. 선잇기 퍼즐의 표 바깥쪽에 써 있는 수는 그 수가 쓰인 줄에 선이 지나가는 칸의 개수를 나타냅니다.

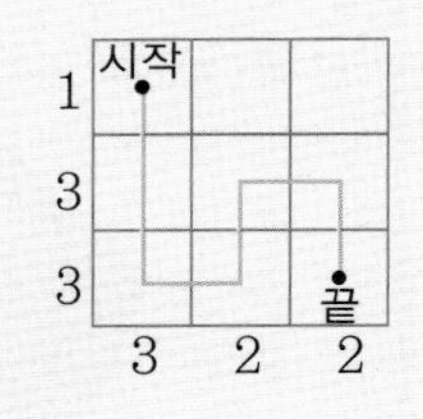

예제 다음 |규칙|에 맞게 오른쪽 그림의 시작과 끝점을 선으로 연결하시오.

규칙

• 사각형 밖의 수는 각각의 수가 쓰인 줄에 선이 지나가는 칸의 개수를 나타냅니다.
• 가로나 세로 방향으로만 선을 그을 수 있고, 선은 만나거나 겹칠 수 없습니다.

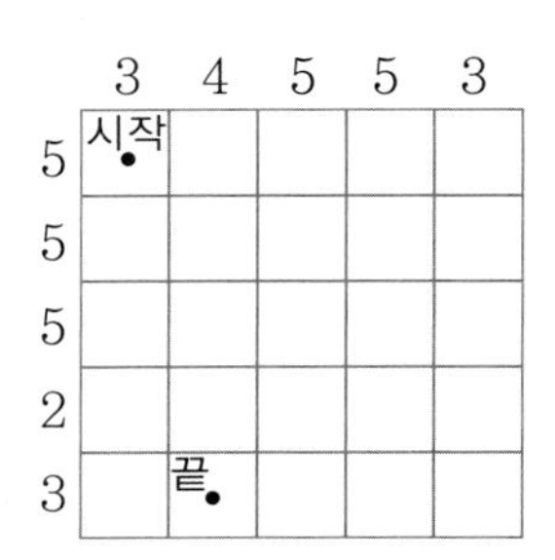

강의노트

① 5가 쓰인 줄의 칸은 모두 선이 지나가므로 ○표합니다.

	3	4	5	5	3
5	시작 ◎	○	○	○	○
5	○	○	○	○	○
5	○	○	○	○	○
2			○	○	
3		끝	○	○	

② |규칙|에 따라 선이 지나갈 수 없는 칸은 ×표, 지나갈 수 있는 칸은 ○표 합니다.

	3	4	5	5	3
5	시작 ◎	○	○	○	○
5	○	○	○	○	○
5	○	○	○	○	○
2			○	○	
3		끝	○	○	

③ ○표 한 칸을 모두 지나도록 시작과 끝을 연결합니다.

	3	4	5	5	3
5	시작 ◎	○	○	○	○
5	○	○	○	○	○
5	○	○	○	○	○
2			○	○	
3		끝	○	○	

유제 다음 선잇기 퍼즐을 완성하시오.

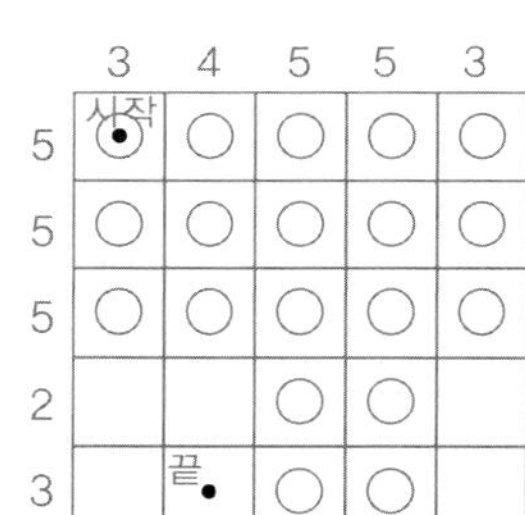

개념학습 Buildings

• Buildings는 사각형 밖에 쓰인 수를 보고 사각형 안의 각 칸에 있는 건물의 층수를 맞히는 퍼즐입니다.

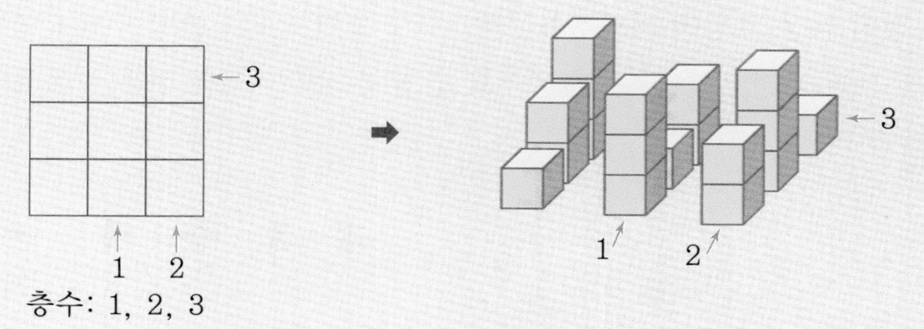

예제 다음 |규칙|에 따라 Buildings 퍼즐을 풀어 보시오.

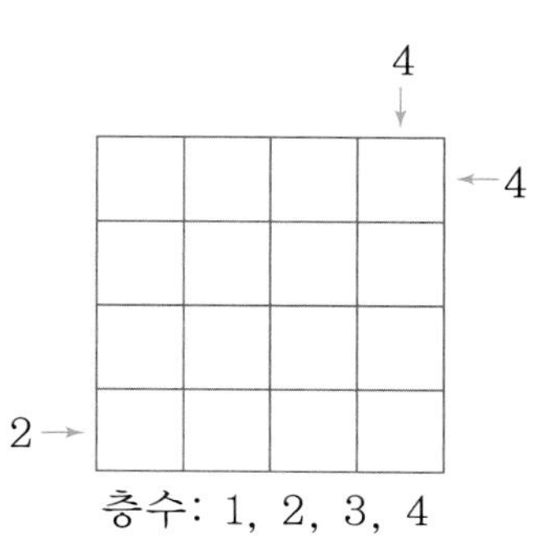

규칙

• 모든 칸에는 각 건물의 층수를 나타내는 숫자가 들어갑니다.
• 화살표의 숫자는 화살표 방향에서 보았을 때 보이는 건물의 개수를 나타냅니다.
• 가로나 세로의 같은 줄에 같은 층의 건물이 들어갈 수 없습니다.

강의노트

① 숫자 4에서 바라본 줄에서는 4개의 건물이 모두 보여야 하므로 화살표에 가까운 칸부터 차례로 1, 2, 3, 4를 써넣습니다.

				4 ↓	
	4	3	2	1	←4
				2	
				3	
2→				4	

② 숫자 2에서 바라본 줄에서는 2개의 건물만 보여야 하는데 가장 뒤의 4층 건물은 반드시 보이므로 맨 앞에 3을 써넣습니다.

				4 ↓	
	4	3	2	1	←4
				2	
				3	
2→	3			4	

③ 나머지 칸에 가로나 세로의 같은 줄에 같은 층의 건물이 들어갈 수 없다는 규칙을 이용하여 숫자를 알맞게 써넣습니다.

				4 ↓	
	4	3	2	1	←4
				2	
				3	
2→	3			4	

유형 04-1 목표점 찾기 퍼즐

다음 |보기|의 사각형 밖에 써 있는 수는 그 수가 쓰여진 점에서 출발하여 목표 지점까지의 선분의 개수를 나타냅니다.
|보기|와 같이 다음 그림에 목표점을 찾아 수가 쓰인 4개의 출발점에서 수의 개수만큼 선분을 그어 보시오. (단, 선분은 서로 겹칠 수 없고, 모든 선분은 목표 지점에서만 만납니다.)

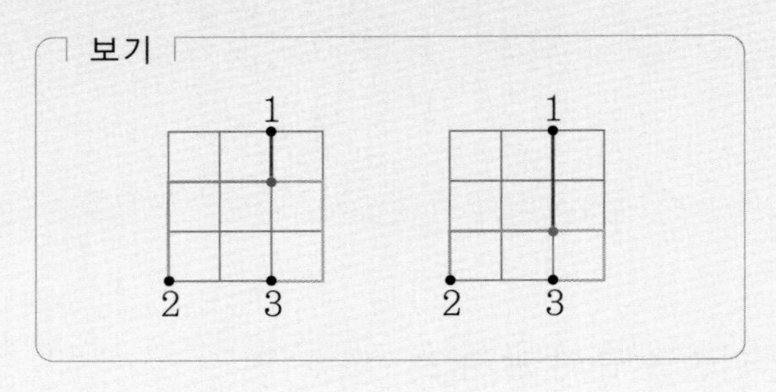

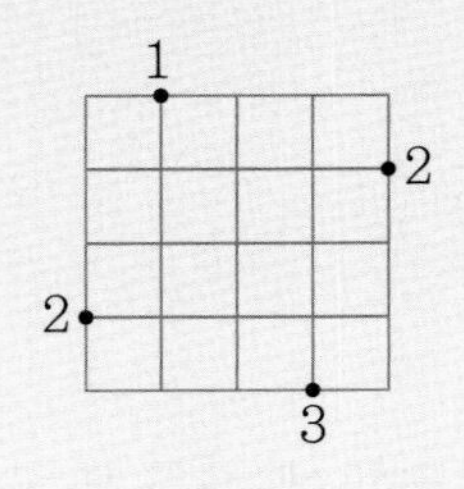

1 목표점이 될 수 있는 점은 1이 쓰인 점과 같은 선 위에 있어야 하므로 ○표 한 곳 중 하나입니다. ○표 한 곳 중에서 2가 쓰여진 점에서 2개의 선분을 그을 수 없는 점에 ×표 하시오.

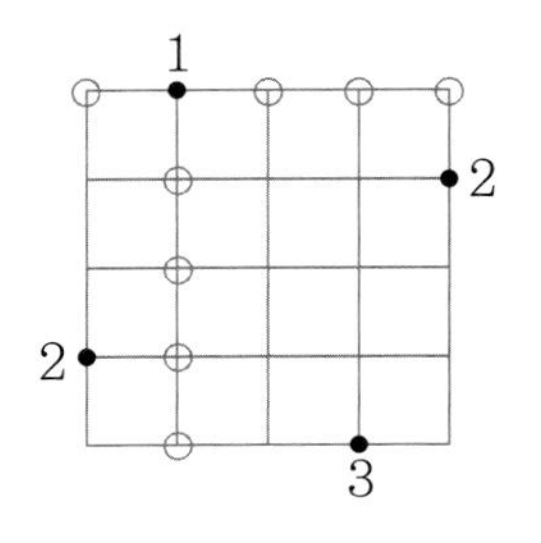

2 사각형의 가장자리에 있는 점은 4개의 출발점에서 겹치지 않게 선분을 그을 수 없습니다. 목표점을 찾아 4개의 점에서 출발하여 선분이 겹치지 않게 그어 보시오.

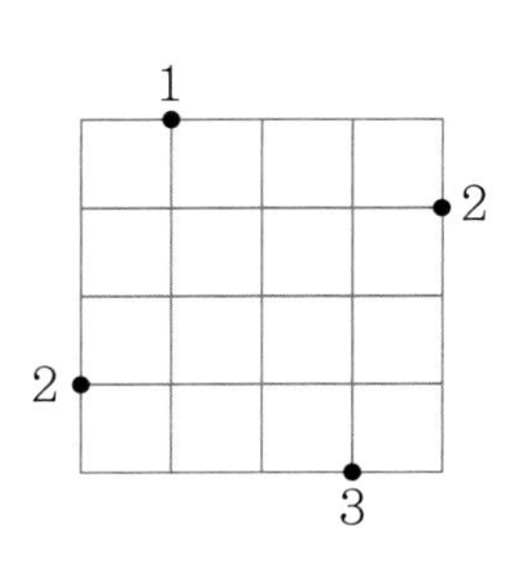

확인문제

Key Point

수 2가 쓰인 점과 같은 선 위에 있는 점은 목표점이 될 수 없습니다.

1 사각형 밖의 수는 수가 쓰여진 점에서 출발하여 목표점까지의 선분의 개수를 나타냅니다. 다음 그림에 목표점을 찾아 수의 개수만큼 선분을 그어 보시오. (단, 선분은 서로 겹칠 수 없고, 모든 선분은 목표점 한 점에서만 만납니다.)

(1)

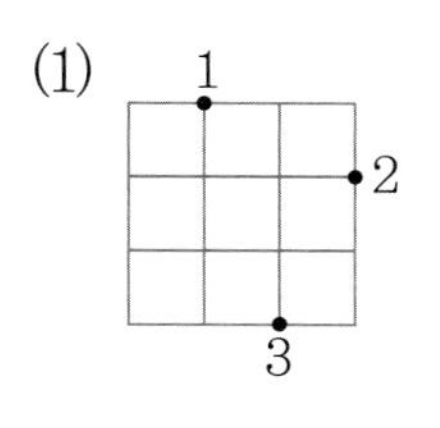

(2)

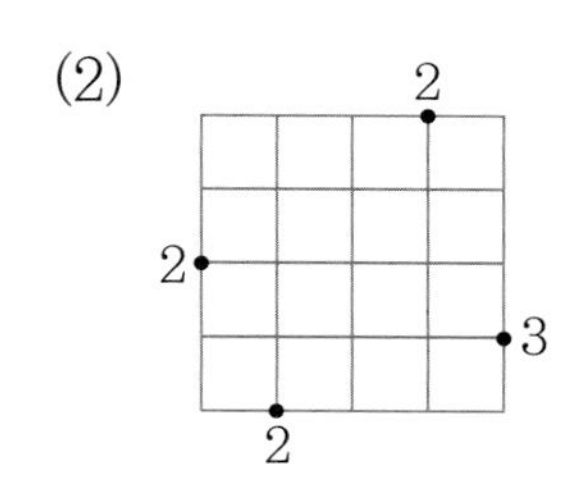

작은 숫자인 4부터 시작하여 숫자와 ★을 선으로 연결해 봅니다.

2 |보기|와 같이 숫자와 ★을 선으로 모두 연결하시오.

보기

- 각 숫자가 쓰여진 칸에서 시작하여 그 숫자만큼 칸을 지나도록 가로나 세로 방향으로만 선을 그을 수 있습니다. (단, 선이 지나가는 칸의 개수는 숫자 칸을 포함하지 않고, ★칸은 포함합니다.)
- 선은 만나거나 겹칠 수 없고, 숫자 칸을 제외한 모든 칸을 한 번씩 지나야 합니다.

3		
	★	★
2	1	★

	★	6		
	5			
				★
★	6			
			4	★

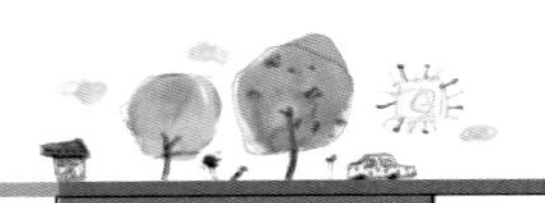

유형 04-2 노노그램

다음 |규칙|에 따라 노노그램을 완성하시오.

규칙

- 사각형 위에 있는 수는 세로줄에 칠해진 칸의 수를 나타냅니다.
- 사각형 왼쪽에 있는 수는 가로줄에 칠해진 칸의 수를 나타냅니다.
- 연이어 나온 수와 수 사이에는 반드시 빈칸이 있어야 합니다.

	2	2 1	1 1	3
1				
4				
1 1				
3				

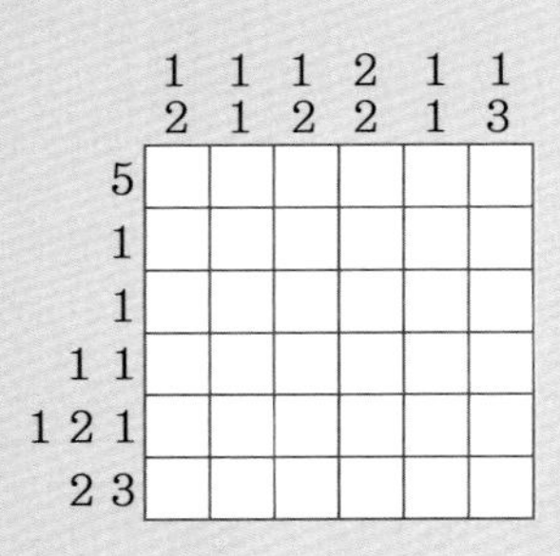

1 사각형 왼쪽의 '1 2 1'과 '2 3'이 쓰인 줄은 한 가지 경우로만 색칠할 수 있는 줄입니다. 색칠되지 않은 칸에 ×표 하시오.

1 2 1						
2 3						

2 사각형 왼쪽의 '5'가 쓰인 줄은 두 가지 경우로 색칠할 수 있습니다. 이를 이용하여 공통으로 칠해지는 칸을 찾아 알맞게 색칠하시오.

〈경우 1〉 5

〈경우 2〉 5

〈공통 부분〉

3 나머지 빈칸도 |규칙|에 따라 알맞게 색칠하시오.

	1 2	1 1	1 2	2 2	1 1	1 3
5						
1						
1						
1 1						
1 2 1						
2 3						

확인문제

1 다음 노노그램을 완성하시오.

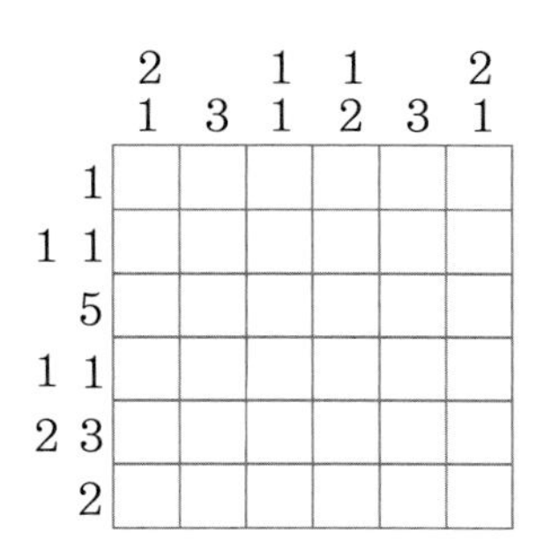

Key Point

'2 3'이 있는 가로줄과 '5'가 있는 가로줄을 먼저 색칠합니다.

2 기차가 안개에 가려 보이지 않습니다. 다음 |규칙|에 따라 기차의 위치를 찾아 각 칸에 번호를 붙여 보시오. (단, ⑤와 ⑮는 각각 기차의 5째 번, 15째 번 칸을 나타냅니다.)

규칙

- 각 줄에 있는 사각형 밖의 수는 각각의 수가 쓰인 줄에 기차가 지나가는 칸의 개수를 나타냅니다.
- 기차는 가로나 세로 방향으로만 지나갈 수 있고, 기차의 각 부분은 서로 가로지르거나 겹쳐 있지 않습니다.

			6	1	1	
						4
			⑤			1
						1
						1
						3
					⑮	5
1	3	3				

⑤가 있는 둘째 줄의 사각형 밖에 1이 있으므로 그 줄의 ⑤를 제외한 나머지 칸에는 기차가 없습니다.

창의사고력 다지기

1 다음 |규칙|에 따라 Buildings 퍼즐을 풀어 보시오.

규칙

- 각각의 칸은 위에서 내려다본 건물을 나타냅니다.
- 모든 칸에는 그 건물의 층수를 나타내는 숫자가 들어갑니다.
- 화살표의 숫자는 화살표 방향에서 보았을 때 보이는 건물의 수를 나타냅니다.
- 가로나 세로의 같은 줄에 같은 층의 건물이 들어갈 수 없습니다.

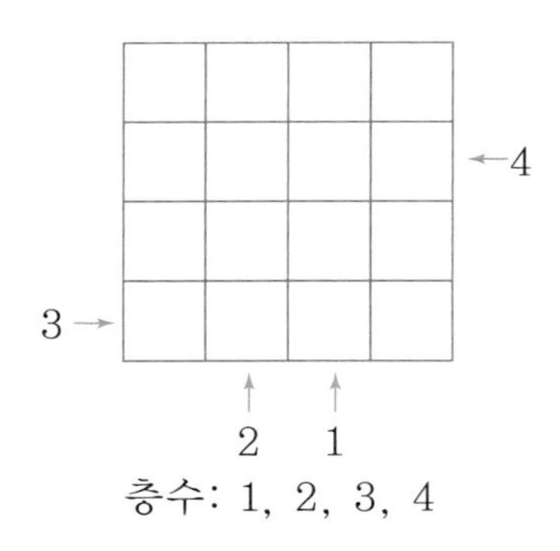

층수: 1, 2, 3, 4

2 다음 사각형 안의 같은 모양끼리 가로나 세로 방향으로 선을 그어 연결하시오. (단, 선은 서로 겹치거나 만날 수 없고, 사각형 안에 있는 모든 칸에는 모양이 들어 있거나 선이 지나가야 합니다.)

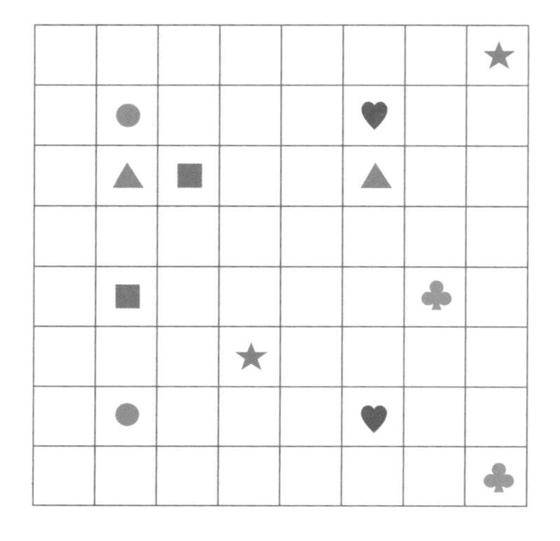

3 다음 |규칙|에 따라 목표점 찾기 퍼즐을 완성하시오.

규칙

- 사각형 밖의 수는 수가 쓰여진 점에서 출발하여 목표점까지의 선분의 개수를 나타냅니다.
- 선분은 서로 겹칠 수 없고, 모든 선분은 목표점 한 점에서만 만납니다.

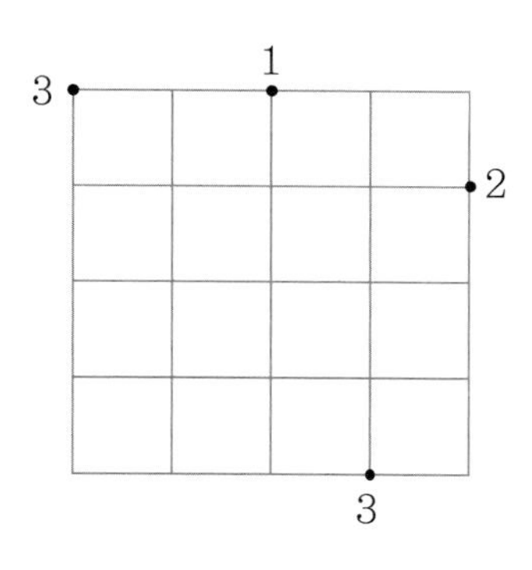

4 사각형 밖의 수는 각각의 수가 쓰인 줄에 선이 지나가는 칸의 개수를 나타냅니다. 가로나 세로 방향으로만 선을 그을 수 있고, 선은 만나거나 겹칠 수 없을 때 시작과 끝을 선으로 연결하시오.

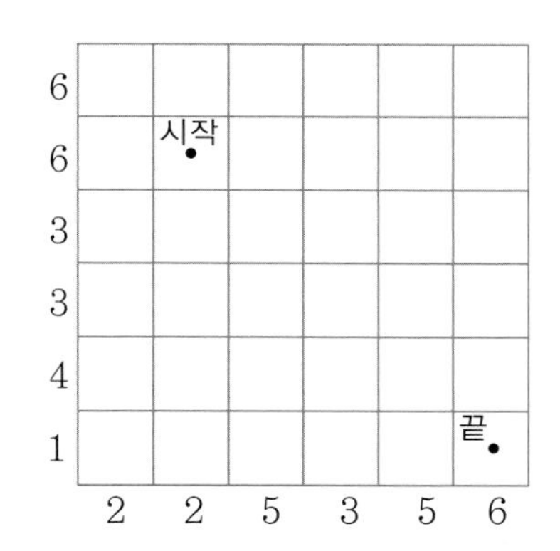

05 대칭성을 이용한 승리 전략

개념학습 원탁 위에 동전 놓기

원탁 위에 동전 놓기 게임은 두 사람이 번갈아 가며 원탁 위에 포개어지지 않도록 동전을 놓는 게임입니다. 이때, 자기 차례에 더 이상 동전을 놓을 수 없게 되는 사람이 집니다.
게임에서 이기기 위해서는 먼저 시작하여 원탁의 가운데에 동전을 놓고 다음 차례부터 상대방이 놓은 위치와 점대칭이 되는 위치에 동전을 놓으면 됩니다.

예제 두 사람이 원탁을 사이에 두고 마주 앉아 다음과 같은 |규칙|으로 게임을 합니다. 이 게임에서 항상 이기기 위해서는 먼저 하는 것과 나중에 하는 것 중 어느 것이 유리합니까?

규칙
- 두 사람이 번갈아 가며 원탁 위에 크기가 같은 동전을 한 개씩 놓습니다.
- 원탁 위에 놓인 동전과 포개어지지 않도록 놓아야 합니다.
- 더 이상 동전을 놓을 수 없는 사람이 집니다.

강의노트

① (먼저, 나중에) 시작하여 원탁의 [ ]에 동전을 놓아 점대칭의 중심을 만듭니다.

② 상대방이 동전을 놓으면 상대방이 놓은 동전과 [ ]인 위치에 동전을 따라 놓습니다.

③ 이와 같은 과정을 반복하면 상대방이 먼저 동전을 놓을 곳이 없어집니다.

④ 따라서 게임에서 반드시 이기려면 (먼저, 나중에) 시작하여 원탁의 [ ]에 동전을 놓아야 합니다.

개념학습 **두 접시 구슬 게임**

두 접시 구슬 게임은 두 개의 접시에 놓인 구슬을 두 사람이 번갈아 가며 한 접시에서만 1개 또는 2개의 구슬을 가져오는 규칙으로 마지막 구슬을 가져가는 사람이 이기는 게임입니다.

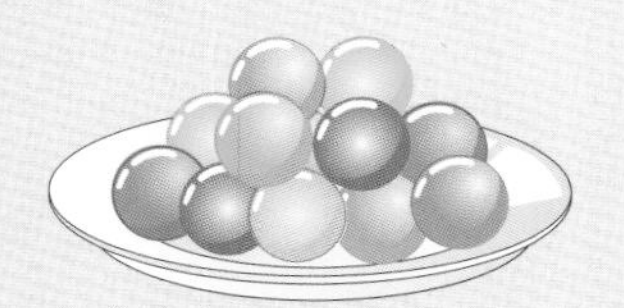

게임에서 이기기 위한 전략

1. 두 접시에 남아 있는 구슬의 수를 같게 만듭니다.
2. 한 접시에 남아 있는 구슬의 개수가 3의 배수가 되게 합니다.

예제 구슬이 (가) 접시에 3개, (나) 접시에 5개 있습니다. 다음과 같은 |규칙|으로 게임을 할 때, 이 게임에서 반드시 이기려면 처음에 어느 접시에서 몇 개의 구슬을 가져가야 하는지 구하시오.

규칙

- 두 사람이 번갈아 가며 구슬을 1개 또는 2개를 가져가는데, 한 접시에서만 가져갈 수 있습니다.
- 마지막에 구슬을 가져오는 사람이 이깁니다.

(가)
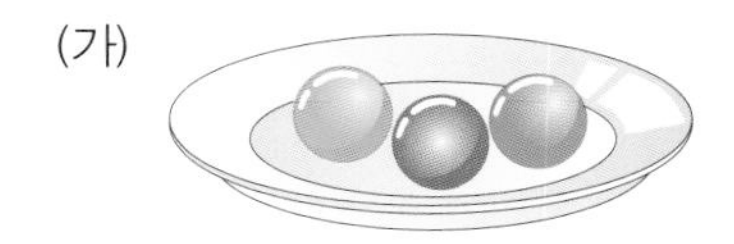
(나)

강의노트

① 게임에서 반드시 이기기 위해서는 두 접시에 남아 있는 구슬의 개수를 같게 만들거나, 한쪽 접시에만 남아 있는 구슬의 수가 ☐의 배수가 되게 해야 합니다.

② 한 번에 한쪽 접시의 구슬을 모두 가져올 수 없으므로 두 접시의 구슬의 개수가 같아지도록 만들어야 합니다. 그 다음 상대방이 가져간 구슬의 수만큼 (같은, 다른) 접시에서 구슬을 가져와 두 접시에 남아 있는 구슬의 개수를 항상 같게 만듭니다.

③ 따라서, 마지막 구슬을 가져오려면 (먼저, 나중에) 시작하여 ☐ 접시에서 ☐개의 구슬을 가져오면 두 접시의 구슬의 수가 같게 되므로 게임에서 반드시 이길 수 있습니다.

유형 05-1 중심 찾기

5×5 게임판 위에 두 사람이 번갈아 가며 다음과 같은 |규칙|으로 색칠합니다. 이 게임에서 먼저 하는 사람이 항상 이긴다고 할 때, 이기기 위해서 처음에 색칠하는 방법은 모두 몇 가지 있습니까?

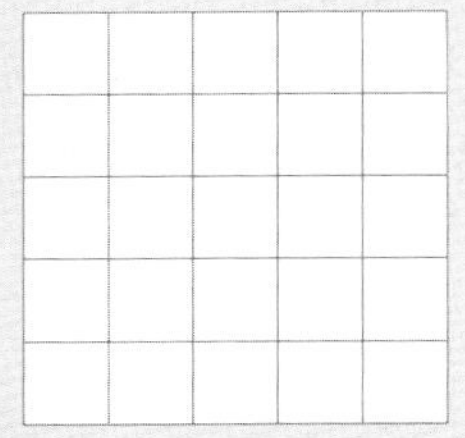

규칙

- 직사각형 모양을 이루는 여러 개의 칸을 색칠합니다.
- 다른 사람이 칠한 칸에는 색칠할 수 없고, 한 번에 전체를 모두 칠할 수도 없습니다.
- 마지막 칸을 칠하는 사람이 이깁니다.

1 5×5 게임판에서 대칭의 중심이 되는 칸을 색칠하시오.

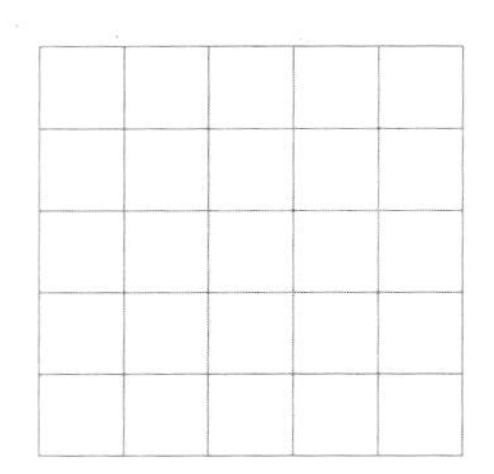

2 **1**을 포함하여 색칠하지 않은 부분이 점대칭도형이 되도록 하는 직사각형 모양을 모두 색칠하시오.

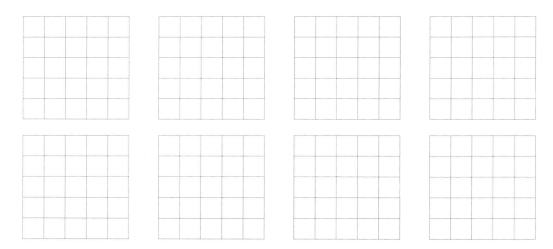

3 이기기 위해서 처음에 색칠하는 방법은 모두 몇 가지 있습니까?

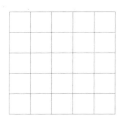

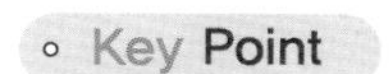

확인문제

◦ Key Point

대칭성의 원리를 이용합니다.

1 두 사람이 시계 위의 숫자를 선분으로 연결하는 게임을 합니다. 번갈아 가며 한 개의 선분을 그을 때, 더 이상 선분을 긋지 못하는 사람이 지게 됩니다. 이 게임에서 먼저 하는 사람과 나중에 하는 사람 중 반드시 이길 수 있는 사람은 누구입니까? (단, 원 안에서 선분이 만나서는 안 됩니다.)

(○)

(×)

점대칭의 중심이 되는 곳을 찾습니다.

2 두 사람이 번갈아 가며 왼쪽 모양의 타일을 오른쪽 게임판에 하나씩 올려놓으려고 합니다. 게임판 위에 놓인 타일과 겹쳐지게 놓을 수 없고, 자기 차례에 올려놓을 수 없는 사람이 진다고 할 때, 반드시 이길 수 있는 방법을 설명하시오.

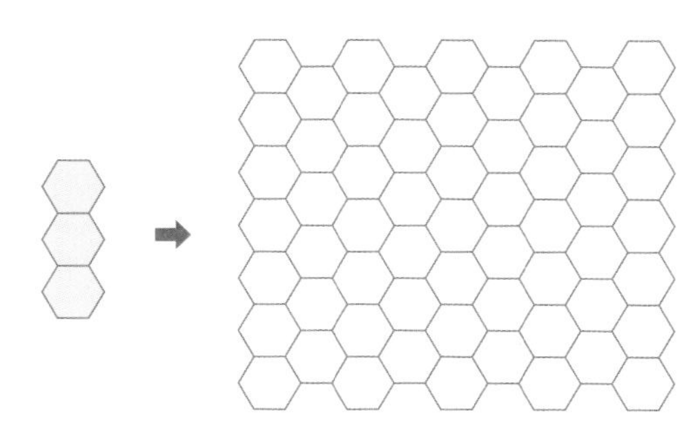

유형 05-2 구슬 옮기기

다음 |규칙|에 따라 구슬 옮기기 게임을 합니다.

규칙

- 검은색과 흰색 중 한 가지 색깔의 구슬을 선택하여 한쪽 방향의 끝 칸에 나란히 놓습니다.
- 검은색 구슬을 선택한 사람은 오른쪽 방향으로만 움직일 수 있고, 흰색 구슬을 선택한 사람은 왼쪽 방향으로만 움직일 수 있습니다.
- 한 번에 원하는 칸 수만큼 옮길 수 있고, 구슬을 움직일 수 없는 사람은 집니다.

흰색 구슬이 먼저 시작하여 다음과 같은 상황이 되었을 때, 검은색 구슬은 두 개의 구슬 중 어느 것을 몇 칸 움직여야 이길 수 있습니까?

●							○		
●									○

1 가로 4칸, 세로 2칸짜리 게임판을 만들어 간단히 생각해 봅시다. 이 게임에서 항상 이기기 위해서는 먼저 하는 사람과 나중에 하는 사람 중 누가 유리합니까?

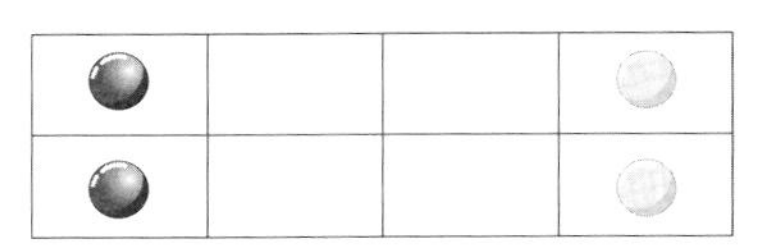

2 가로 5칸, 세로 2칸짜리 게임판에서 상대방이 먼저 시작하여 검은색 구슬을 1칸 움직였을 때, 내가 게임에서 이기기 위해서는 어떻게 움직여야 합니까?

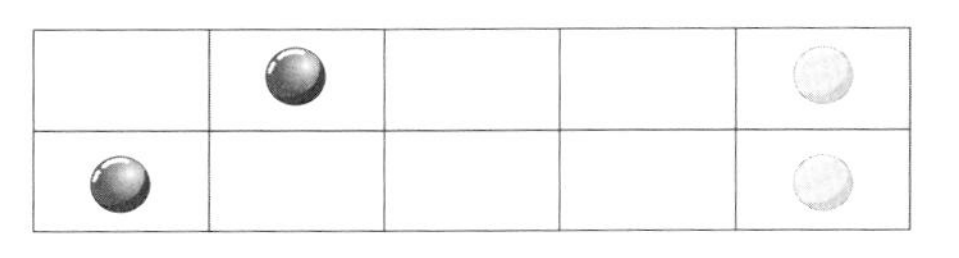

3 문제의 게임판과 같은 상황에서 내 차례가 되었다면 이 게임에서 이기기 위한 방법을 설명하시오.

4 이와 같은 게임에서 항상 이길 수 있는 방법을 설명하시오.

확인문제

◦ Key Point

대칭성의 원리를 이용합니다.

1 두 사람이 번갈아 가며 바둑돌을 옮기는 게임을 합니다. 바둑돌은 한 번에 1칸 또는 2칸을 옮길 수 있고, 자기 차례에 더 이상 움직일 수 없는 사람이 집니다. 흰색은 오른쪽으로만, 검은색은 왼쪽으로만 갈 수 있고 뛰어넘거나 겹쳐서 놓을 수 없다고 할 때, 게임에서 반드시 이길 수 있는 방법을 설명하시오.

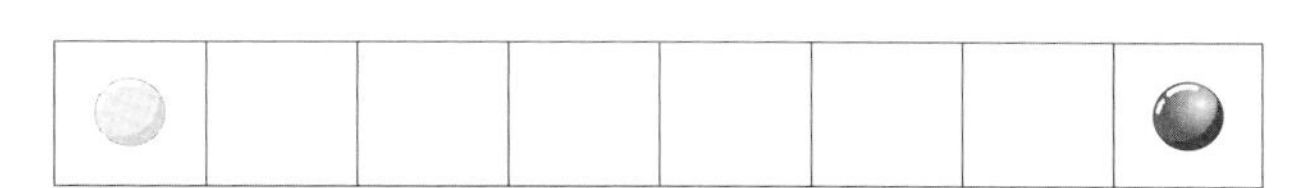

두 접시에 남아 있는 바둑돌의 개수가 몇 개일 때 이길 수 있는지 생각해 봅니다.

2 두 사람이 다음과 같은 |규칙|으로 바둑돌을 가져가는 게임을 하려고 합니다. 이 게임에서 이기려면 처음에 어느 접시에서 몇 개의 바둑돌을 가져가야 합니까?

> 규칙
> - 두 명이 번갈아 가며 두 접시 중 한 접시에서만 한 번에 1개, 2개 또는 3개의 바둑돌을 가져갈 수 있습니다.
> - 마지막 바둑돌을 가져가는 사람이 이깁니다.

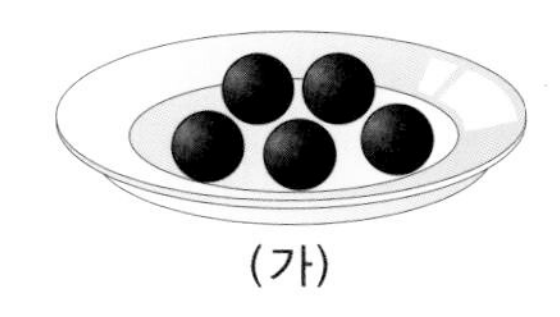
(가)

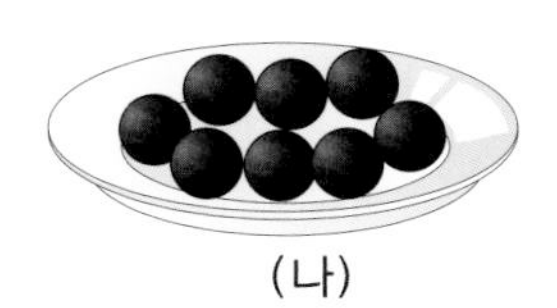
(나)

창의사고력 다지기

1 바구니 2개에 구슬이 각각 11개, 16개 들어 있습니다. 두 사람이 번갈아 가며 바구니에서 구슬을 가져가는 게임을 하려고 합니다. 자기 차례에 몇 개를 가져가도 되지만 두 바구니 중에서 한 바구니에서만 구슬을 가져가야 하고, 자기 차례에 구슬을 가져가지 못하면 지게 됩니다. 이 게임에서 반드시 이길 수 있는 방법을 설명하시오.

2 그림과 같은 가로 8칸, 세로 8칸의 격자판이 있습니다. 두 사람이 번갈아 가며 2칸짜리 도미노 조각으로 격자판을 덮어 나갑니다. 도미노 조각을 놓을 수 없는 사람이 진다면, 먼저 하는 사람과 나중에 하는 사람 중 반드시 이길 수 있는 사람은 누구인지 그 방법을 설명하시오.

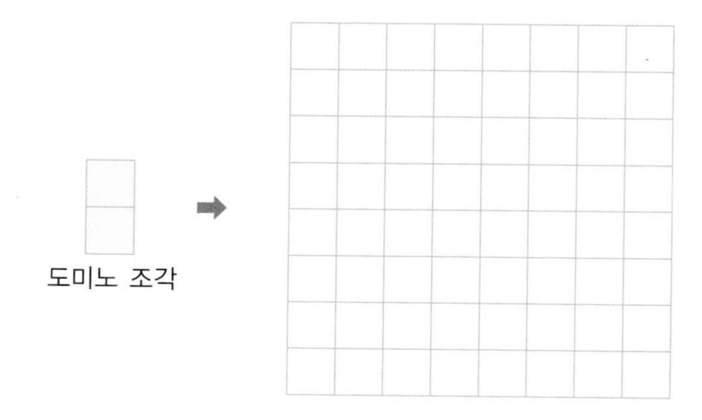

3 다음 |규칙|에 따라 바둑돌 옮기기 게임을 합니다. 다음 게임판에서 검은색 바둑돌을 가진 사람이 움직일 차례일 때, 이 사람이 반드시 이길 수 있는 방법을 설명하시오.

규칙

- 검은색 바둑돌은 오른쪽 방향으로만, 흰색 바둑돌은 왼쪽 방향으로만 움직일 수 있습니다.
- 두 사람이 교대로 바둑돌을 움직이며, 한 번에 원하는 칸 수만큼 옮길 수 있고, 바둑돌을 움직일 수 없는 사람이 집니다. (단, 상대방의 바둑돌을 뛰어넘을 수는 없습니다.)

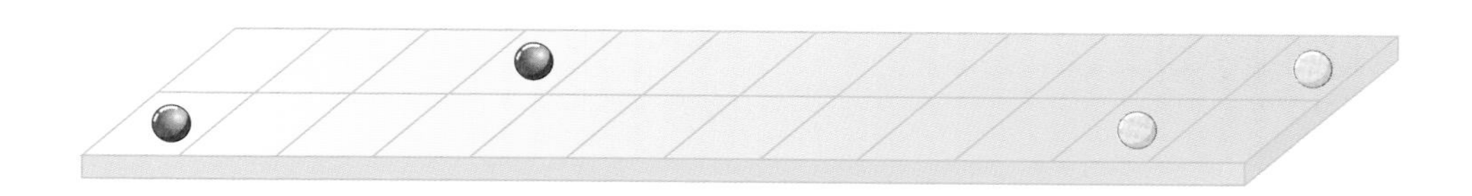

4 두 사람이 번갈아 가며 원 위의 두 점을 잇는 '선분 긋기' 게임을 합니다. 원 안에서 선분끼리 만나서는 안 되고, 원 위의 점에서는 만나도 상관없습니다. 이 게임에서 먼저 하는 사람과 나중에 하는 사람 중 반드시 이길 수 있는 사람은 누구인지 그 방법을 설명하시오.

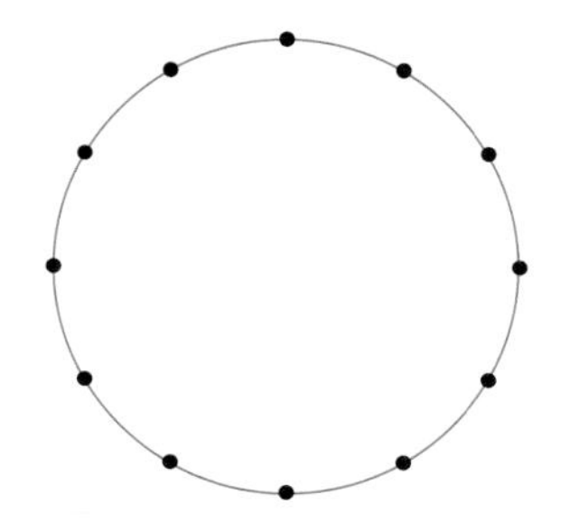

06 성냥개비 퍼즐

개념학습 성냥개비 숫자

① 성냥개비를 이용하여 0에서 9까지의 숫자를 만들 수 있습니다.

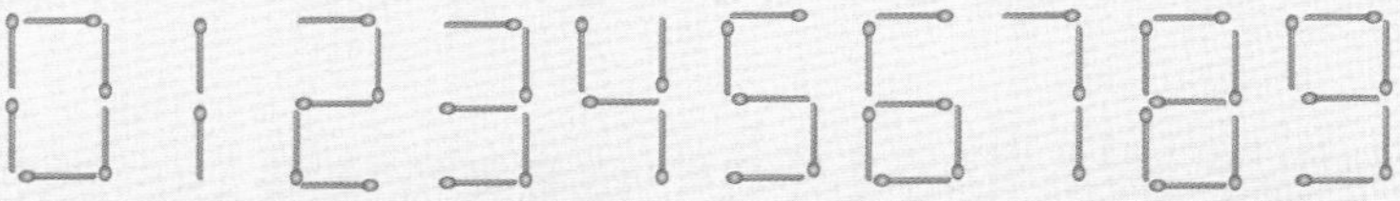

② 성냥개비 숫자 바꾸기: 성냥개비 숫자에서 성냥개비를 옮기거나 더하고 빼서, 다른 숫자를 만들 수 있습니다.

성냥개비 하나 옮기기 / 성냥개비 하나 더하기 / 성냥개비 하나 빼기

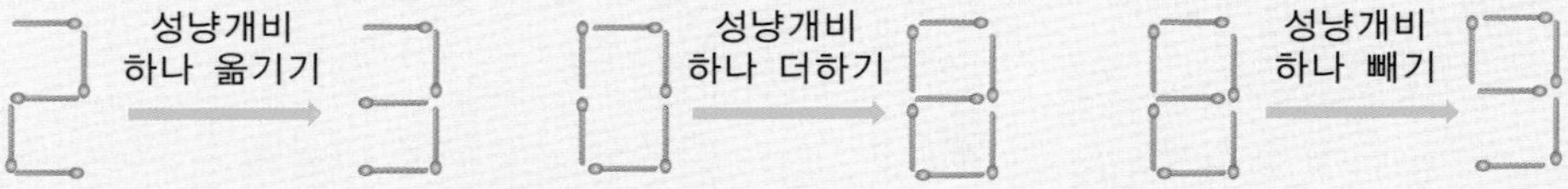

예제 오른쪽 성냥개비 숫자에서 성냥개비 하나를 옮기거나, 더하고 빼서 만들 수 있는 숫자를 모두 쓰시오.

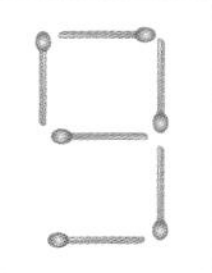

강의노트

① 다음은 성냥개비로 0에서 9까지의 숫자를 만드는 데 필요한 성냥개비의 개수입니다.

0	1	2	3	4	5	6	7	8	9
6개	2개	5개	5개	□개	□개	□개	□개	□개	□개

② 숫자 9를 만드는 데 사용된 성냥개비는 6개이므로 성냥개비 하나를 옮겨서 만들 수 있는 숫자는 □과 □입니다.

③ 성냥개비 하나를 더해서 만들 수 있는 숫자는 성냥개비 7개로 만들 수 있는 □입니다.

④ 성냥개비 하나를 빼서 만들 수 있는 숫자는 성냥개비 5개로 만들 수 있는 □, □, □ 중에서 □과 □입니다.

유제 다음 성냥개비 숫자에서 성냥개비를 하나만 옮겨서 만들 수 있는 성냥개비 숫자를 각각 2개씩 쓰시오.

3 ➡ □, □ 0 ➡ □, □

개념학습 성냥개비 도형

성냥개비 도형의 개수: 성냥개비로 만든 도형에서 성냥개비를 옮기거나 더하고 빼서, 조건에 맞는 모양을 만들 수 있습니다.

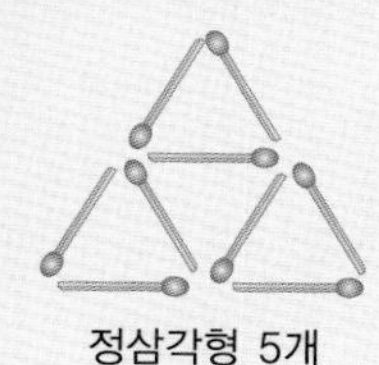
정삼각형 5개

2개 옮기기

정삼각형 4개

2개 옮기기

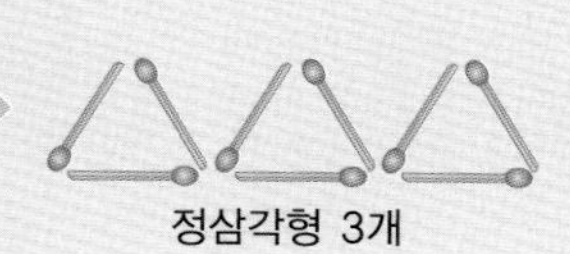
정삼각형 3개

이때, 주어진 도형을 만든 후에 남은 성냥개비가 있어서는 안 됩니다.

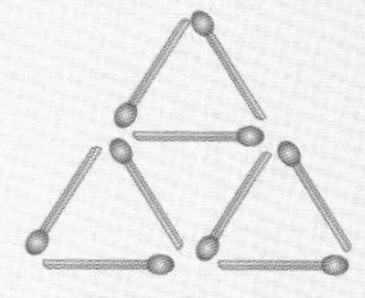
정삼각형 5개

2개 옮기기

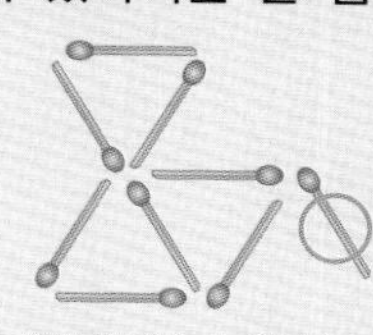
정삼각형 3개(×)

남은 성냥개비가 있어서는 안됩니다.

예제 오른쪽은 12개의 성냥개비로 정사각형 5개를 만든 것입니다. 물음에 답하시오.

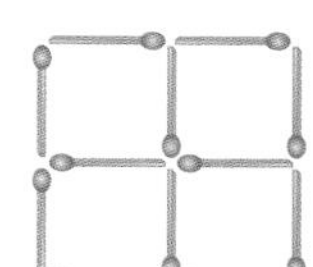

(1) 성냥개비를 2개 빼서 정사각형 2개를 만들어 보시오.

(2) 성냥개비를 3개 옮겨서 정사각형 3개를 만들어 보시오.

(3) 성냥개비를 4개 빼서 정사각형 2개를 만들어 보시오.

강의노트

① 큰 정사각형 안의 4개의 성냥개비는 작은 정사각형끼리 붙어 있는 변입니다. 이 성냥개비 중 하나를 빼내면 정사각형 □개가 없어지므로 2개를 빼내어 정사각형 □개를 만들 수 있습니다.

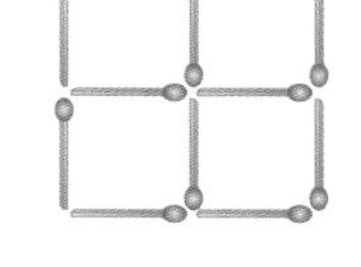

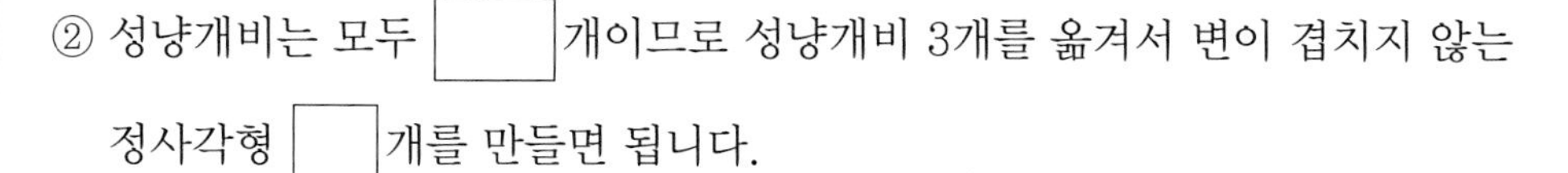

② 성냥개비는 모두 □개이므로 성냥개비 3개를 옮겨서 변이 겹치지 않는 정사각형 □개를 만들면 됩니다.

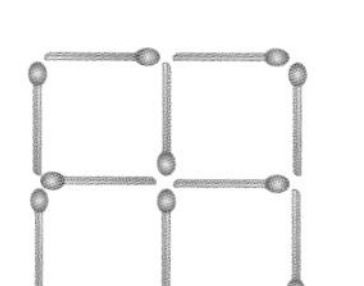

③ 성냥개비 4개를 빼면 남은 성냥개비 개수가 □개이므로 변이 겹치지 않는 작은 정사각형 □개를 만들 수 있습니다.

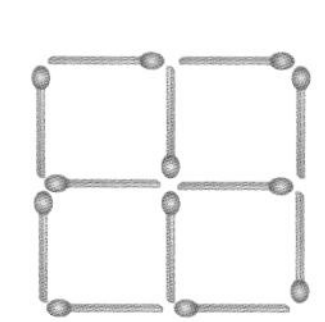

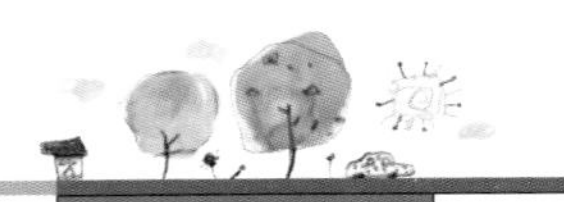

유형 06-1 성냥개비 계산식

성냥개비로 만든 계산식에서 성냥개비 한 개를 더하거나 빼서 등식이 성립하도록 만들어 보시오.

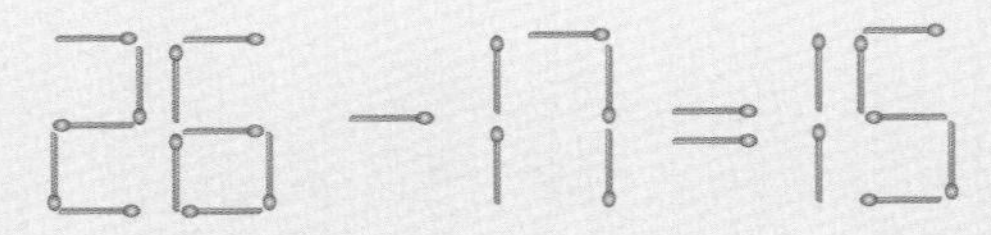

1 26에 성냥개비 한 개를 더하거나 빼서 만들 수 있는 수를 모두 쓰시오.

2 17에 성냥개비 한 개를 더하거나 빼서 만들 수 있는 수를 모두 쓰시오.

3 15에 성냥개비 한 개를 더하거나 빼서 만들 수 있는 수를 모두 쓰시오.

4 1, 2, 3에서 구한 수를 이용하여 등식이 성립하도록 만들어 보시오.

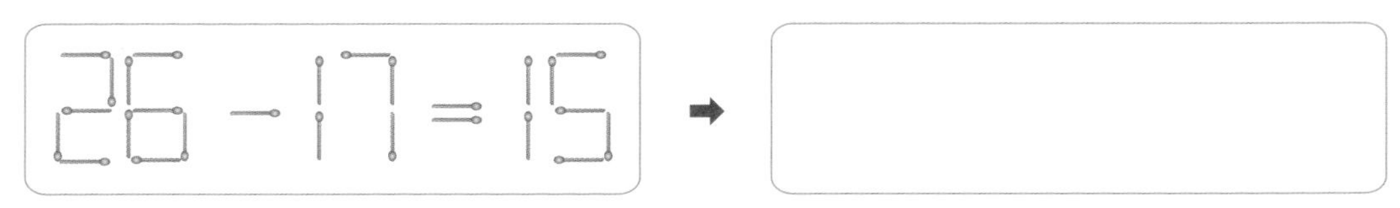

Key Point

1 성냥개비로 다음과 같은 식을 만들었습니다. 성냥개비 한 개를 옮겨 등식이 성립하도록 만들어 보시오.

계산 결과가 작으므로 덧셈 기호를 뺄셈 기호로 바꿔 봅니다.

2 성냥개비로 다음과 같은 식을 만들었습니다. 성냥개비 한 개를 옮겨서 등식이 성립하도록 만들어 보시오.

성냥개비 한 개를 옮겨서 '×'를 다른 기호로 바꿀 수 없으므로 수를 바꿔 봅니다.

24 × 6 = 182

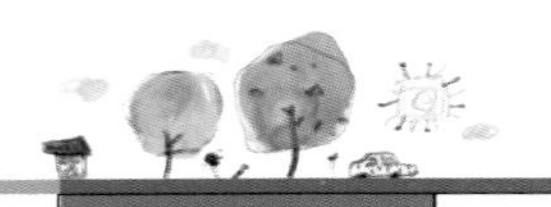

유형 06-2 성냥개비 퍼즐(넓이)

다음은 길이가 1인 성냥개비 12개를 사용하여 만든 넓이가 6인 직각삼각형 모양입니다. 성냥개비 2개를 옮겨서 넓이가 5인 도형과 성냥개비 3개를 옮겨서 넓이가 4인 도형을 각각 만들어 보시오.

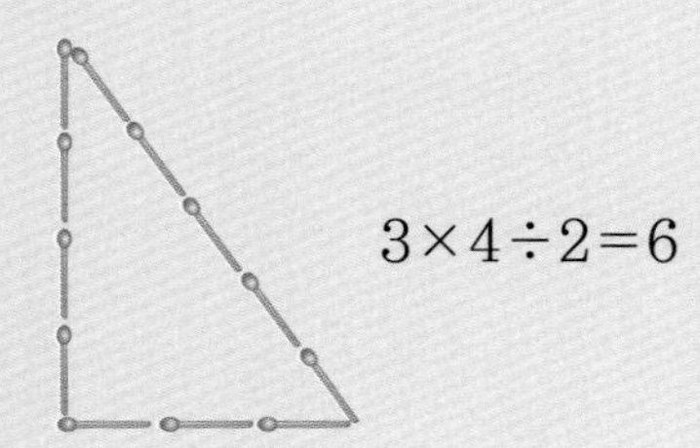

1 성냥개비로 만들 수 있는 넓이가 1인 도형은 [ ] 입니다. 직각삼각형에서 넓이가 1인 부분을 색칠하시오.

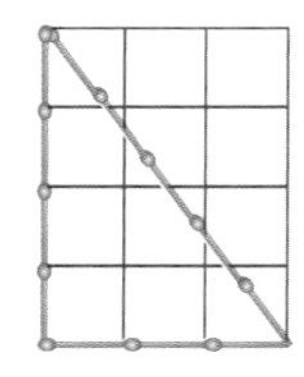
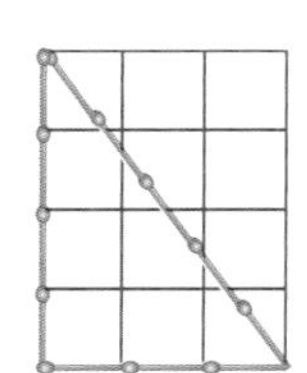
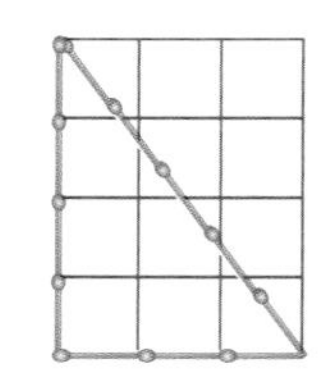

2 성냥개비 2개를 옮겨서 넓이가 5인 도형을 만들어 보시오.

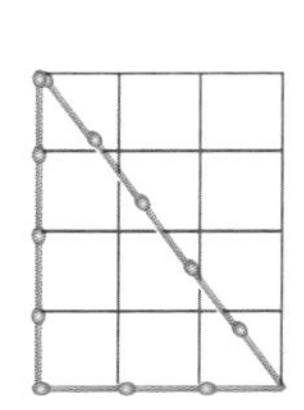

3 성냥개비로 만들 수 있는 넓이가 2인 도형은 [|] 입니다. 직각삼각형에서 넓이가 2인 부분을 색칠하시오.

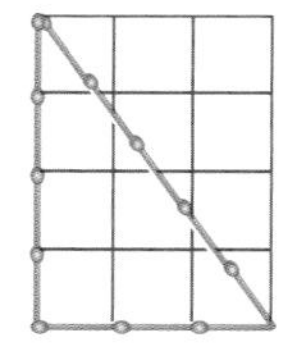
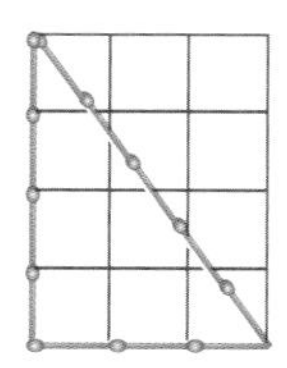

4 성냥개비 3개를 옮겨서 넓이가 4인 도형을 만들어 보시오.

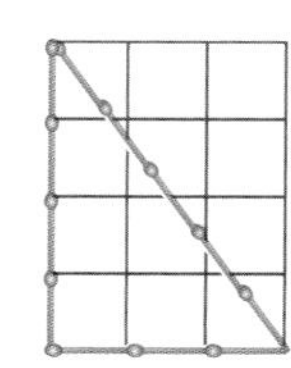
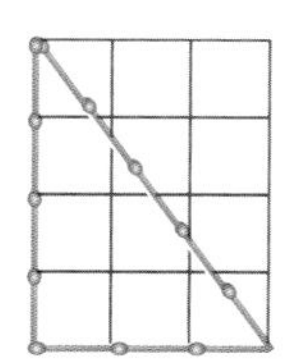

확인문제

1 다음은 성냥개비 12개로 만든 넓이가 5인 도형입니다. 성냥개비 2개를 옮겨서 넓이가 6인 도형, 성냥개비 4개를 옮겨서 넓이가 8인 도형, 성냥개비 6개를 옮겨서 넓이가 9인 도형을 각각 만들어 보시오.

꼭짓점에서 만나는 2개의 성냥개비를 옮기면 넓이가 1씩 늘어나는 도형으로 바꿀 수 있습니다.

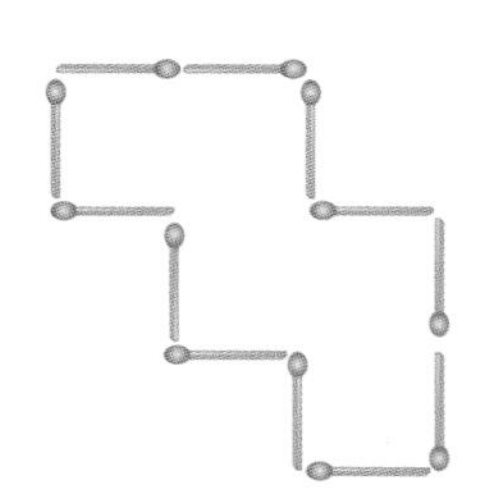

2 성냥개비 9개를 사용하여 다음과 같이 넓이가 3인 도형을 만들었습니다. 이 도형에서 성냥개비 3개를 옮겨서 넓이가 4, 5, 6인 도형을 각각 만드시오.

성냥개비를 옮겨서 정삼각형 사이의 공간을 채워 나갑니다.

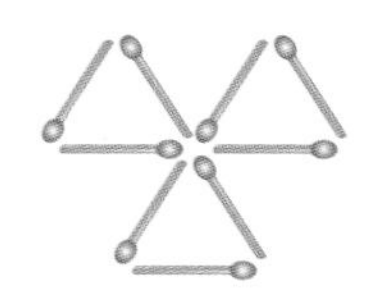

창의사고력 다지기

1 성냥개비를 사용하여 다음과 같이 의자 모양 2개와 탁자 모양 1개를 만들었습니다. 성냥개비 3개를 옮겨서 탁자가 의자 사이에 오도록 만드시오.

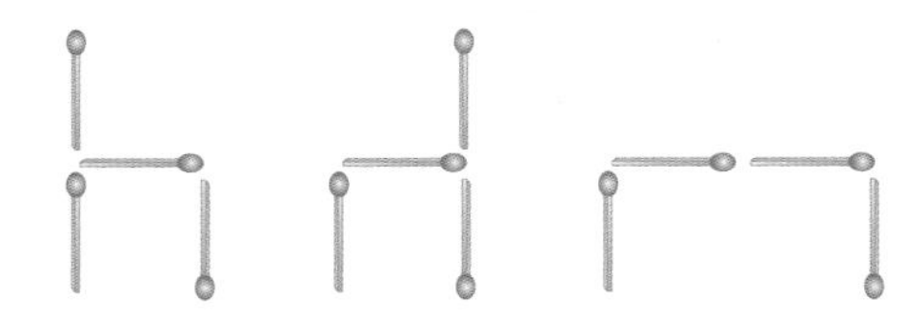

2 성냥개비를 사용하여 마방진을 만들었습니다. 성냥개비 1개를 옮겨서 가로, 세로의 합이 모두 같도록 만들어 보시오.

1	6	3
6	8	2
1	4	5

3 다음은 성냥개비 26개로 만든 도형입니다. 성냥개비 10개를 빼서 크기와 모양이 같은 정사각형 4개를 만들어 보시오

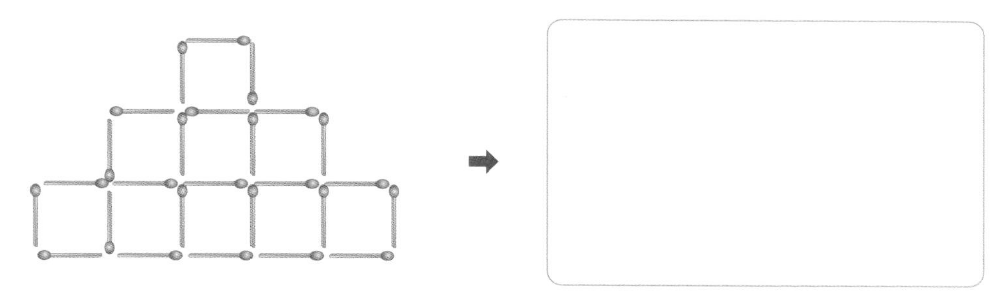

4 다음은 길이가 1cm인 성냥개비 20개로 넓이가 10이 되게 만든 모양입니다. 성냥개비 4개를 옮겨서 넓이가 3인 도형 3개를 만들어 보시오.

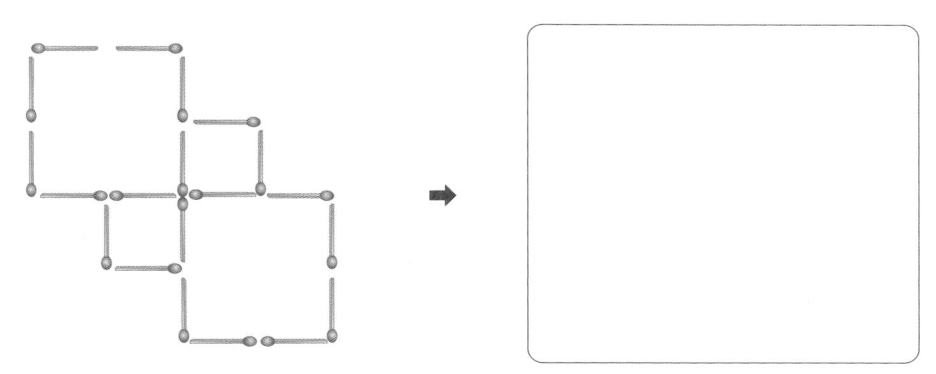

Memo

Ⅲ 도형

07 직육면체와 정육면체

08 전개도

09 주사위의 칠점 원리

도형

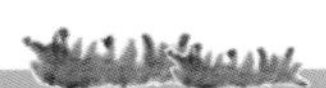

07 직육면체와 정육면체

개념학습 **소마큐브**

정육면체 3개 또는 4개를 면끼리 붙여 만든 일곱 개의 조각으로 정육면체를 만들 수 있는 퍼즐을 소마큐브라고 합니다.

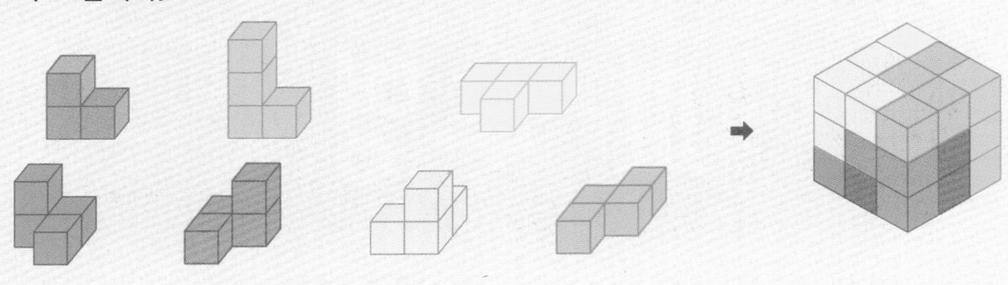

소마큐브 7조각

예제 오른쪽 그림은 정육면체 4개를 면끼리 붙여 만든 소마큐브의 한 조각입니다. 다음 중 주어진 소마큐브 조각과 모양이 다른 것은 어느 것입니까?

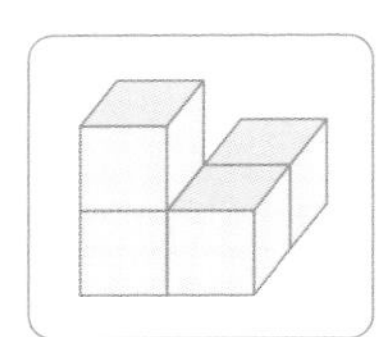

① 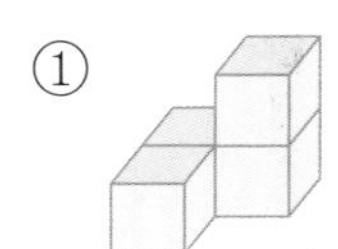 ② 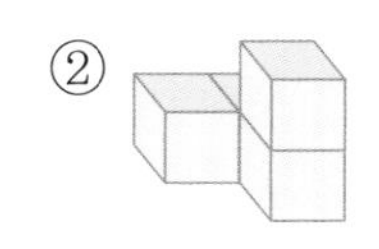 ③ 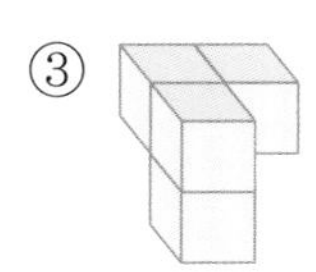 ④ 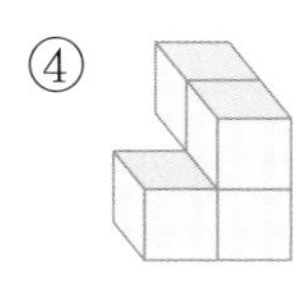 ⑤ 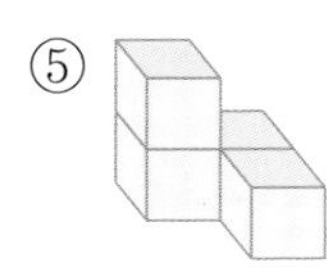

강의노트

주어진 도형은 모두 ☐ 모양을 가지고 있습니다. ☐ 모양에 나머지 ☐ 개의 정육면체를 붙인 위치를 찾아 색칠하면 다음과 같습니다. 나머지 1개의 정육면체의 위치가 다른 하나를 찾으면 ☐ 입니다.

① 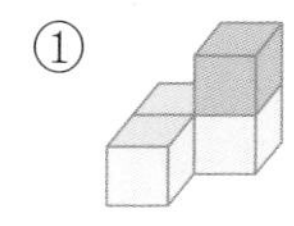 ② 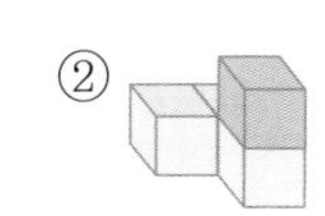 ③ 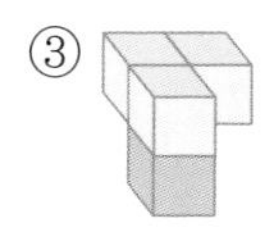 ④ 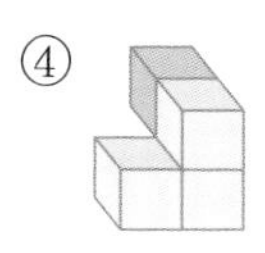 ⑤ 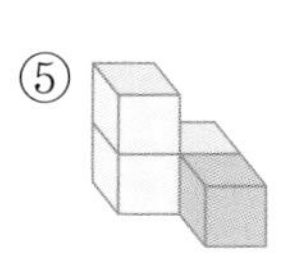

유제 같은 모양의 소마큐브 조각끼리 선으로 이어 보시오.

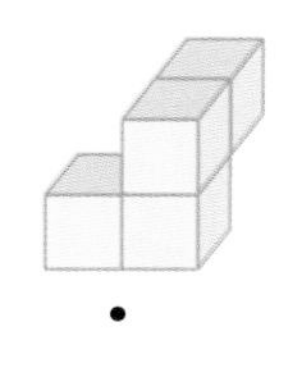 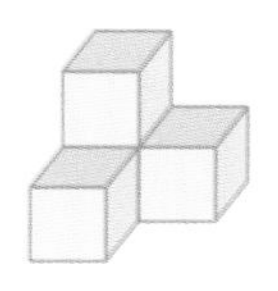

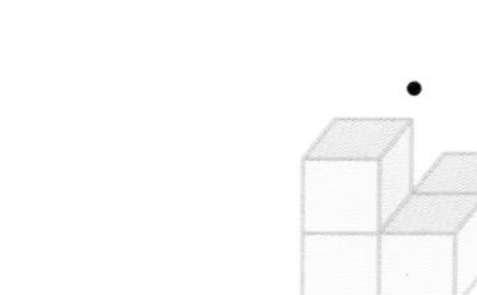 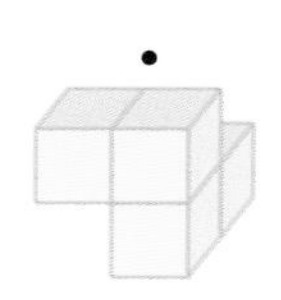

개념학습 색칠한 정육면체 자르기

정육면체의 겉면을 모두 색칠한 다음 크기가 같은 27개의 작은 정육면체로 나눌 때, 나누어진 작은 정육면체 중 세 면이 칠해진 작은 정육면체는 큰 정육면체의 꼭짓점 부분에 있고, 두 면이 칠해진 작은 정육면체는 모서리 부분에, 한 면이 칠해진 작은 정육면체는 면 부분에 있습니다.

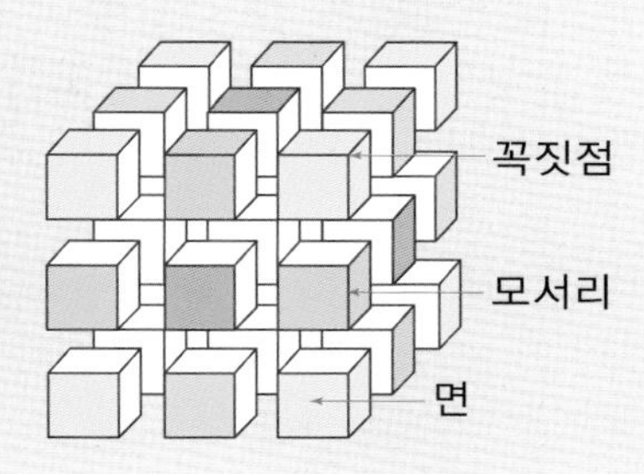

예제 오른쪽 정육면체의 겉면에 모두 색을 칠한 다음 크기가 같은 작은 정육면체 27개로 선을 따라 잘랐을 때, 작은 정육면체 중 색칠한 면이 0개, 1개, 2개, 3개인 정육면체의 개수를 각각 구하시오.

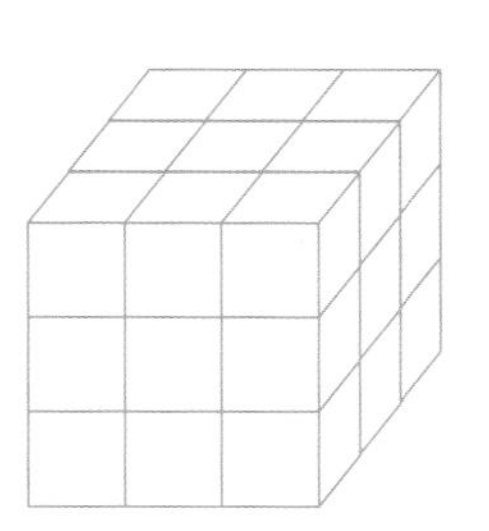

강의노트

① 세 면이 칠해진 작은 정육면체는 모두 큰 정육면체의 ☐ 부분에 있으므로 모두 ☐ 개입니다.

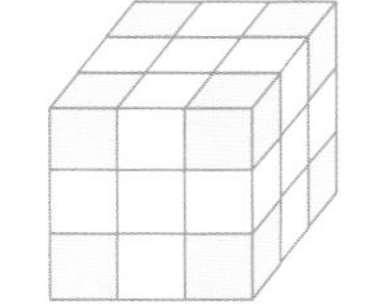

② 두 면이 칠해진 작은 정육면체는 모두 큰 정육면체의 모서리 부분에 각각 ☐ 개씩 있고, 정육면체의 모서리는 ☐ 개이므로 모두 ☐ 개입니다.

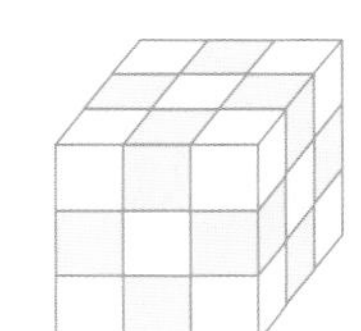

③ 한 면이 칠해진 작은 정육면체는 모두 큰 정육면체의 ☐ 에 각각 ☐ 개씩 있고, 정육면체의 ☐ 은 ☐ 개이므로 모두 ☐ 개입니다.

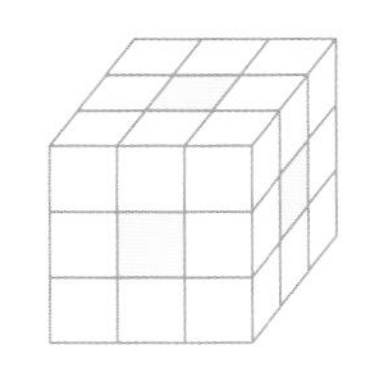

④ 한 면도 색칠되지 않은 정육면체의 개수는 전체 개수에서 겉면에 색칠된 정육면체의 개수를 뺀 것과 같으므로 ☐ −(☐ + ☐ + ☐)= ☐ (개)입니다.

유제 오른쪽 직육면체의 겉면을 모두 색칠한 다음, 오른쪽 그림과 같이 정육면체 모양으로 잘랐습니다. 두 면이 색칠된 작은 정육면체는 모두 몇 개입니까?

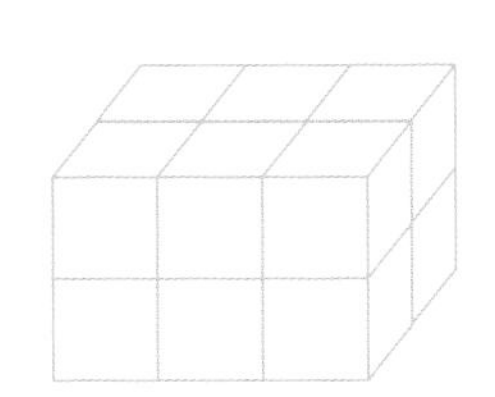

유형 07-1 정육면체의 마주 보는 면 찾기

다음 그림은 같은 모양의 정육면체를 서로 다른 위치에서 본 모습입니다. 면 나와 마주 보는 면에 쓰인 글자는 무엇입니까? (단, 글자의 방향은 생각하지 않습니다.)

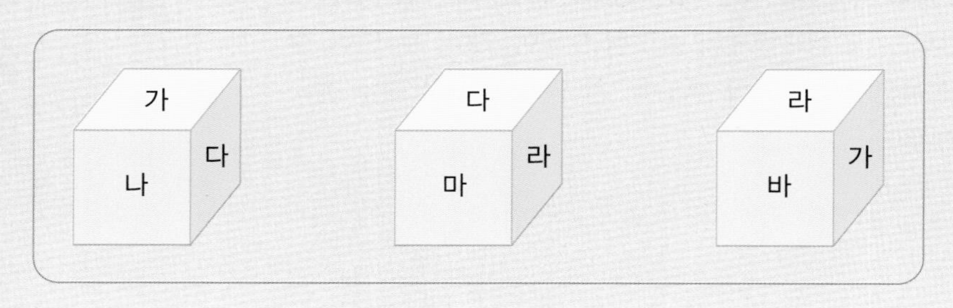

1 정육면체의 한 꼭짓점에서 만나는 세 면은 마주 보는 면이 될 수 없습니다. 면 가와 한 꼭짓점에서 만나는 면을 쓰고, 면 가와 마주 보는 면을 찾으시오.

2 면 다와 한 꼭짓점에서 만나는 면을 쓰고, 면 다와 마주 보는 면을 찾으시오.

3 서로 마주 보는 면을 짝지어 보고, 면 나와 마주 보는 면을 쓰시오.

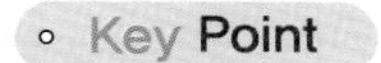

정육면체의 한 꼭짓점에서 만나는 세 면은 서로 마주 보는 면이 될 수 없습니다.

1 다음은 한 정육면체 6개의 면에 가고 싶은 나라의 이름을 쓰고, 여러 방향에서 본 모습을 나타낸 것입니다. 정육면체의 마주 보는 면에 쓰인 나라의 이름을 알맞게 짝지어 보시오.

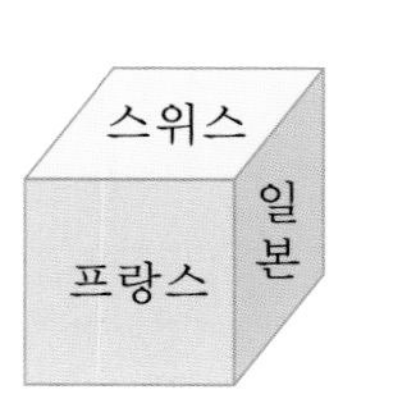

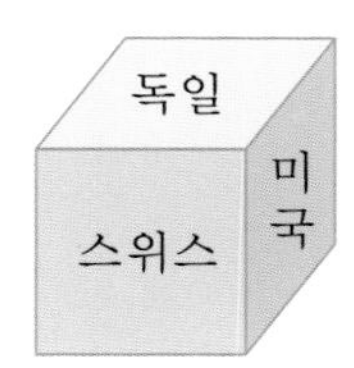

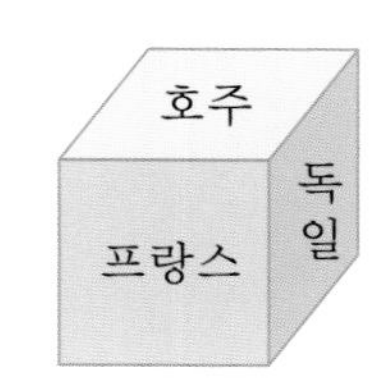

2 다음은 하나의 정육면체를 여러 방향에서 본 모양입니다. 표시한 면에 알맞은 모양을 그리시오.

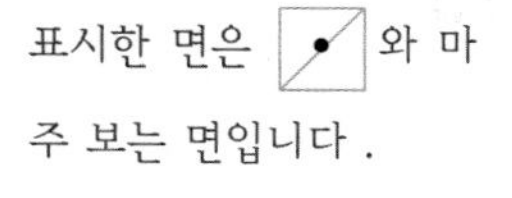

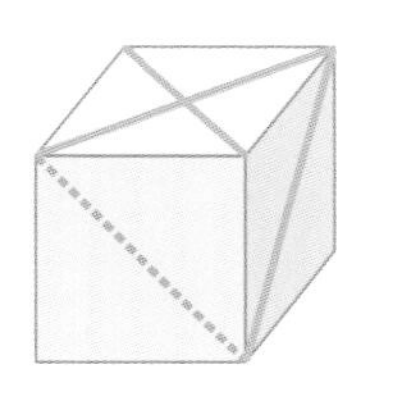

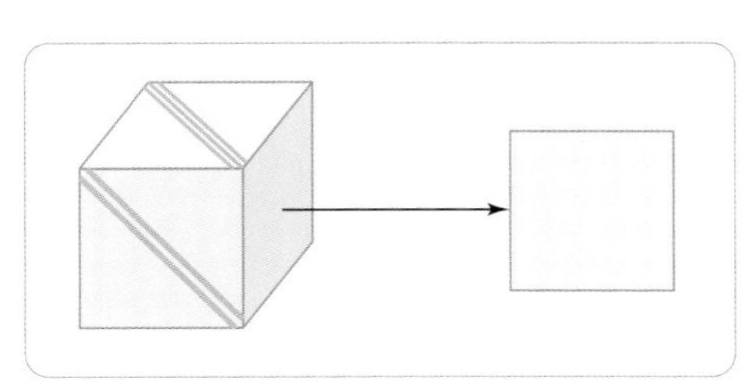

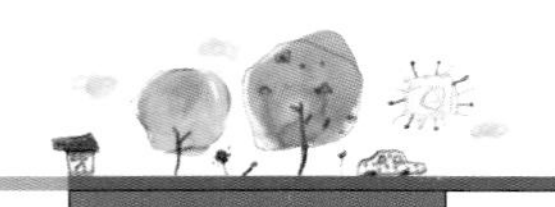

유형 07-2 색칠된 정육면체 자르기

오른쪽 정육면체의 겉면을 파란색으로 칠하고, 크기가 같은 작은 정육면체 125개로 잘랐습니다. 작은 정육면체 중 칠해진 면의 개수가 0개, 1개, 2개, 3개인 정육면체의 개수를 각각 구하시오.

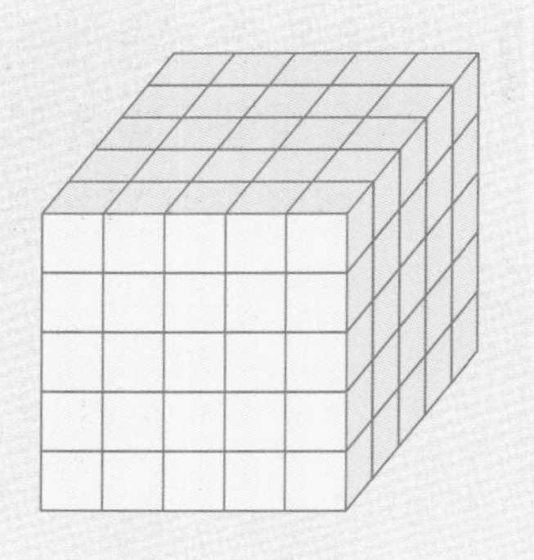

1 세 면이 칠해진 작은 정육면체는 모두 큰 정육면체의 꼭짓점 부분에 있습니다. 모두 몇 개입니까?

2 두 면이 색칠된 작은 정육면체는 모두 큰 정육면체의 모서리 부분에 있습니다. 모두 몇 개입니까?

3 한 면만 색칠된 작은 정육면체는 큰 정육면체의 면에 있습니다. 모두 몇 개입니까?

4 색칠된 면이 없는 작은 정육면체의 개수는 전체 개수에서 겉면의 색칠된 정육면체의 개수를 뺀 것과 같습니다. 모두 몇 개입니까?

왼쪽과 같이 구할 수도 있지.

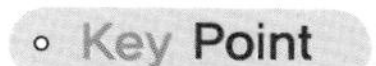

확인문제

Key Point

1 다음은 한 모서리의 길이가 4cm인 정육면체입니다. 이 정육면체의 겉면을 모두 색칠한 다음, 1cm 간격으로 잘라 작은 정육면체로 나누었습니다. 색칠된 면이 2개인 작은 정육면체는 모두 몇 개입니까?

두 면이 칠해진 작은 정육면체는 큰 정육면체의 모서리 부분에 있습니다.

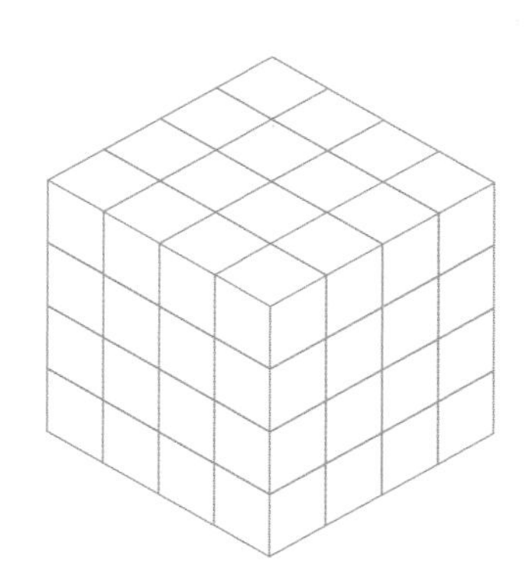

2 작은 정육면체를 쌓아 큰 정육면체를 만든 후, 모든 면에 파란색으로 칠했더니 한 면만 색칠된 작은 정육면체는 150개였습니다. 큰 정육면체를 이루는 작은 정육면체의 개수를 구하시오.

한 면만 색칠된 작은 정육면체는 큰 정육면체의 면에 있습니다.

창의사고력 다지기

1 다음은 정육면체 5개를 쌓아 만든 모양입니다. 모양이 다른 하나는 어느 것입니까?

① 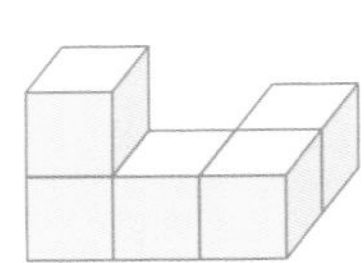

② 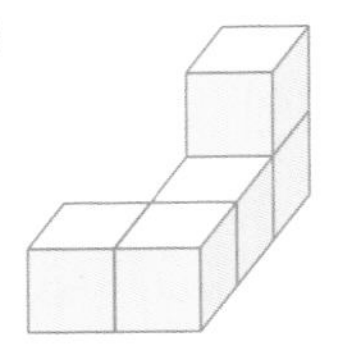

③ 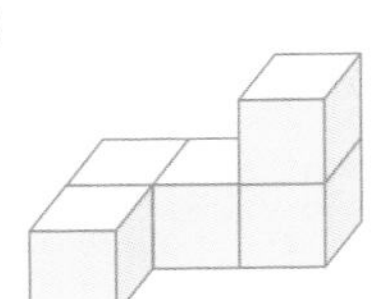

④ 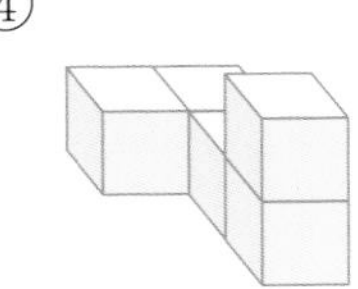

⑤ 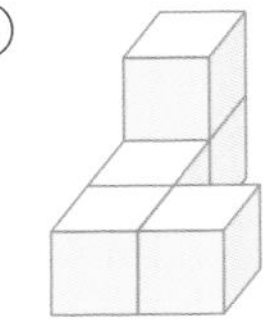

2 다음은 3에서 8까지의 숫자가 적힌 같은 모양의 주사위를 여러 방향에서 본 것입니다. 3과 마주 보는 면에 쓰인 숫자를 쓰시오. (단, 숫자의 방향은 생각하지 않습니다.)

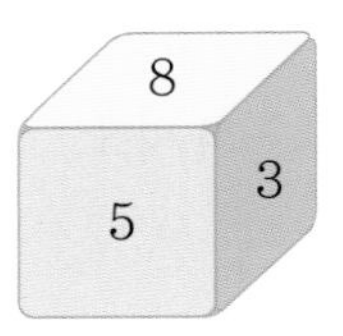

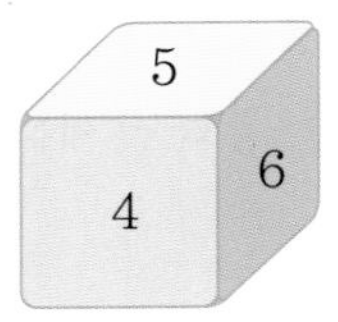

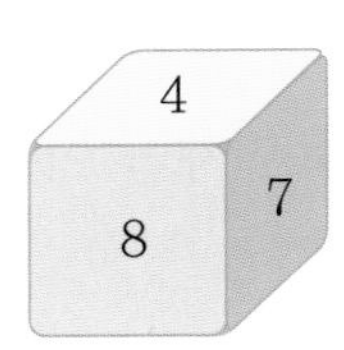

3 10개의 정육면체를 그림과 같이 붙여 놓고 바닥면을 포함한 겉면을 모두 색칠한 다음, 다시 떼어 놓았습니다. 색칠된 면이 4개인 정육면체는 모두 몇개입니까?

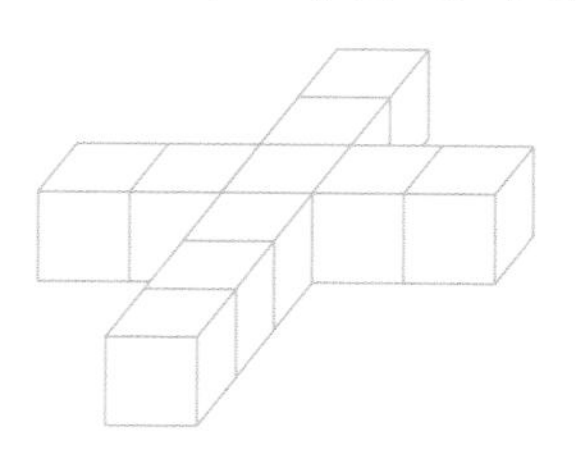

4 한 모서리의 길이가 12cm인 정육면체의 겉면을 모두 색칠한 다음, 1cm 간격으로 잘랐더니 여러 개의 작은 정육면체가 만들어졌습니다. 만들어진 작은 정육면체 중 색칠된 면이 2개인 정육면체의 개수와 색칠된 면이 한 개도 없는 정육면체의 개수를 각각 구하시오.

08 전개도

개념학습 정육면체의 전개도

① 원래의 모양을 잘 알 수 있게 그린 그림을 겨냥도라고 하고, 도형을 펼쳐서 평면에 그린 그림을 전개도라고 합니다.

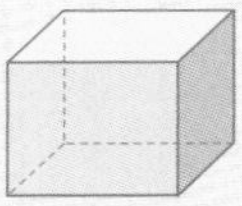
겨냥도

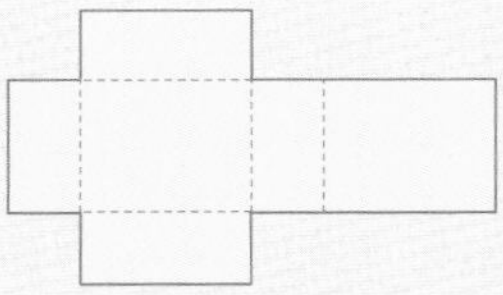
전개도

② 정육면체는 11가지의 서로 다른 전개도가 있습니다. 돌리거나 뒤집어서 같은 모양은 한 가지로 생각합니다.

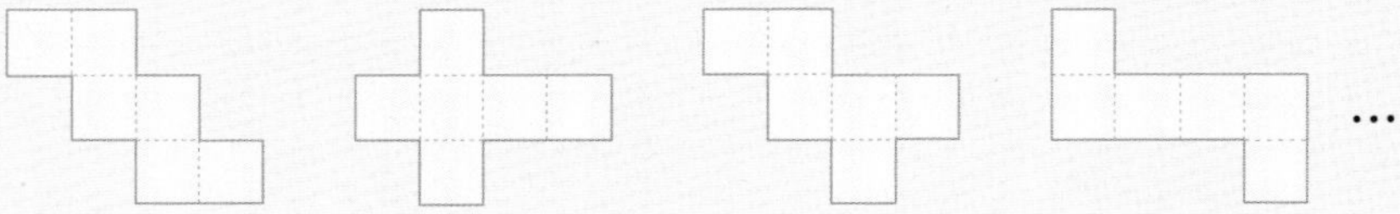

예제 다음 중 정육면체의 전개도가 아닌 것을 모두 고르시오.

㉠ 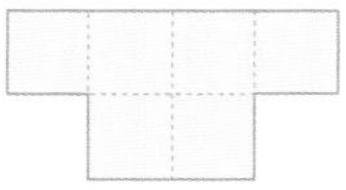

㉡ 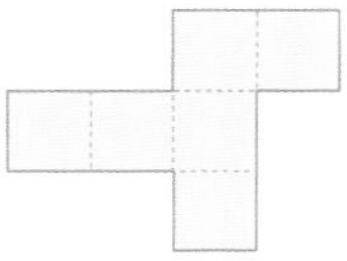

㉢ 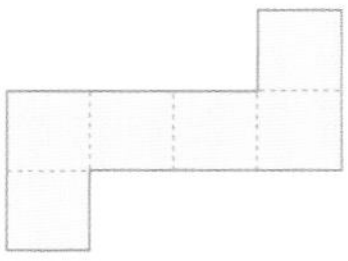

㉣ 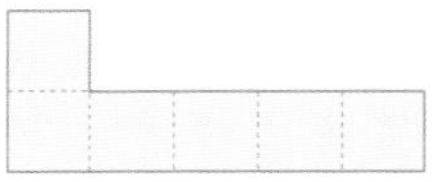

강의노트

① 정육면체는 한 꼭짓점에 □개의 면이 모이므로 한 점에 4개의 면이 모인 □은 나올 수 없습니다.

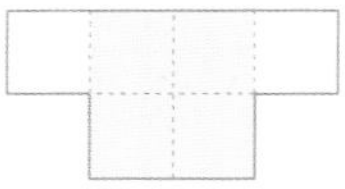

② 접었을 때 마주 보는 면이 □개씩 있어야 하는데 두 면이 겹쳐지는 □은 정육면체의 전개도가 아닙니다.

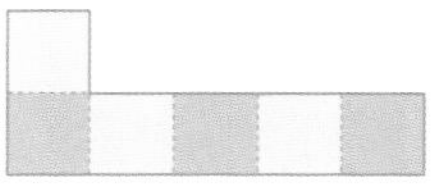

③ 따라서 정육면체의 전개도가 아닌 것은 □, □입니다.

유제 오른쪽 그림에 정사각형 한 개를 더 그려 넣어 정육면체의 전개도를 만들려고 합니다. 알맞은 곳의 번호를 모두 고르시오.

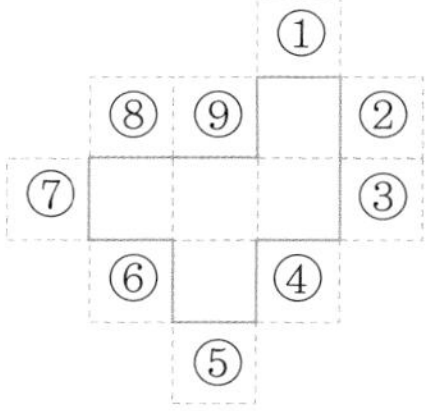

개념학습 직육면체의 전개도

① 직육면체는 길이가 같은 모서리가 항상 4개씩 있고, 마주 보는 두 면의 모양과 크기가 같습니다 .

② 직육면체를 펼쳐서 평면에 그린 그림을 직육면체의 전개도라고 합니다. 접었을 때 서로 맞닿는 모서리의 길이가 같고, 서로 마주 보는 면의 모양과 크기가 같아야 합니다.

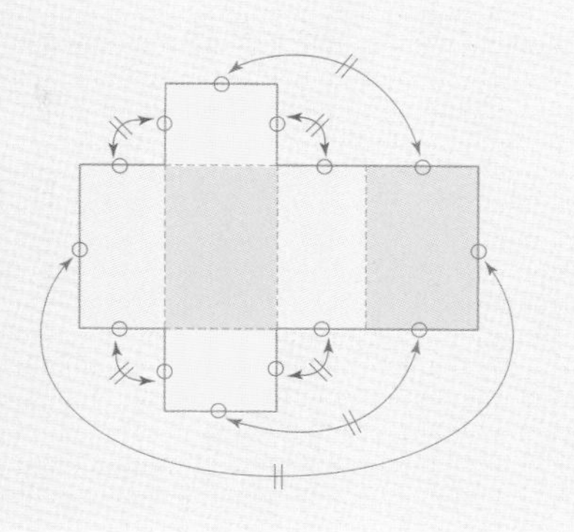

예제 다음 직육면체의 전개도를 모눈종이에 꼭 맞게 그려 보시오.

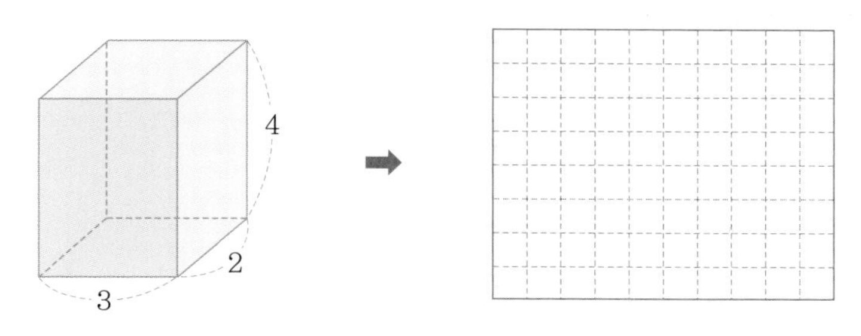

강의노트

① 주어진 직육면체는 다음과 같은 □개의 면으로 이루어져 있습니다.

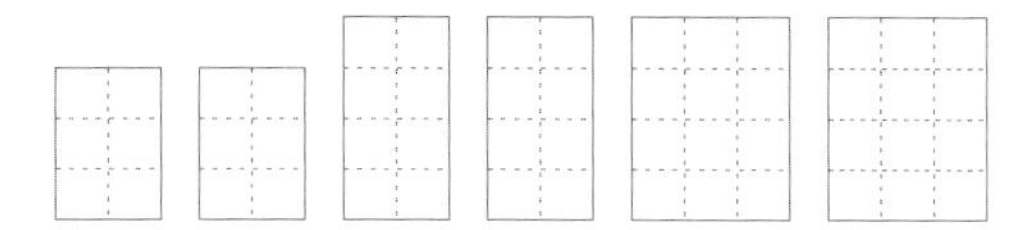

② 서로 다른 □ 쌍의 면은 각각 마주 보는 면이므로 서로 이웃하지 않게 모눈종이의 세로 □칸을 채우는 방법은 다음과 같은 2가지 방법이 있습니다.

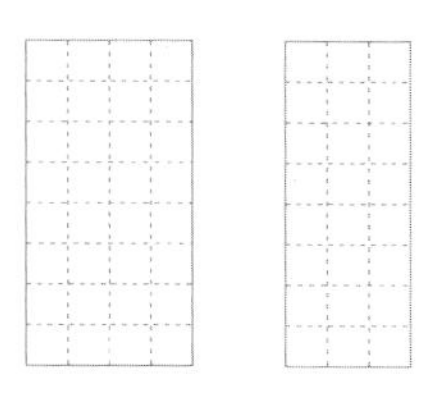

③ 각각의 모양에 남은 세 면을 붙여서 모눈종이에 그릴 수 있는 방법은 다음과 같습니다.

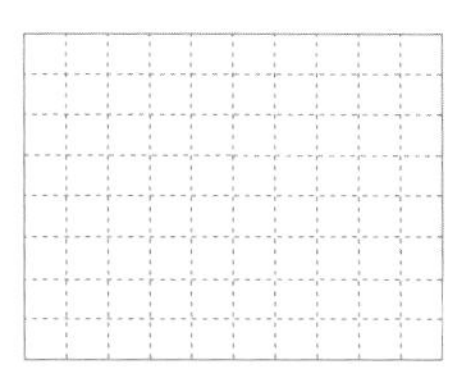

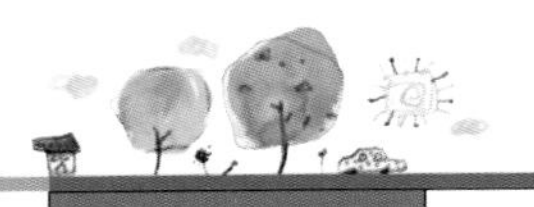

유형 08-1 전개도의 활용

왼쪽 도형은 오른쪽 전개도를 접어서 만든 정육면체입니다. 색칠된 면에 알맞은 화살표 모양을 그리시오.

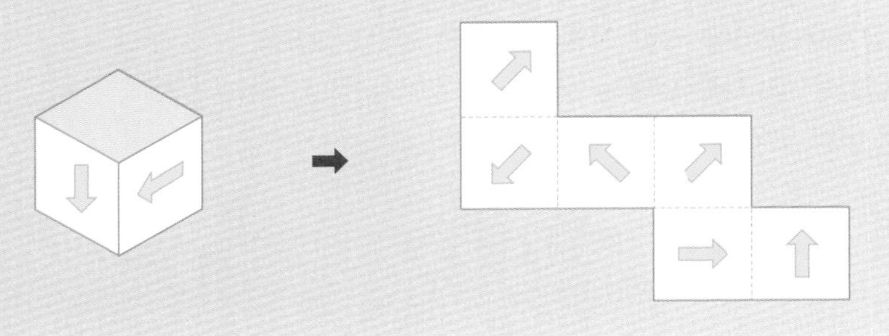

1 정육면체의 화살표가 그려진 두 면과 색칠된 면이 만나는 꼭짓점을 A라고 할 때, 전개도에 점 A의 위치를 나타내시오.

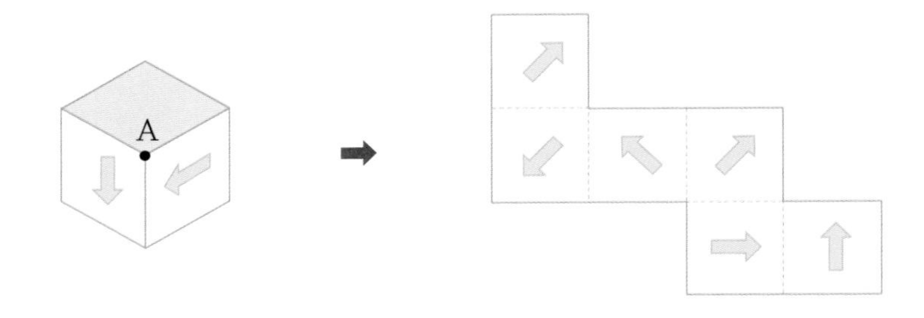

2 전개도를 접었을 때 점 A와 만나는 점을 찾아 점선으로 연결하시오.

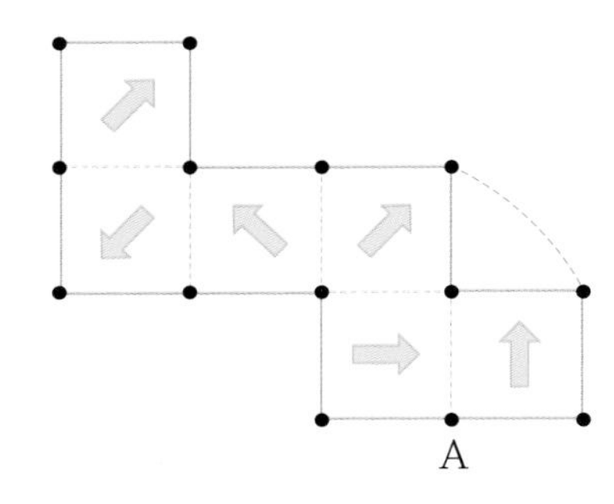

3 점 A에서 만나는 면의 화살표의 방향을 생각하여 색칠된 면의 화살표 모양을 그리시오.

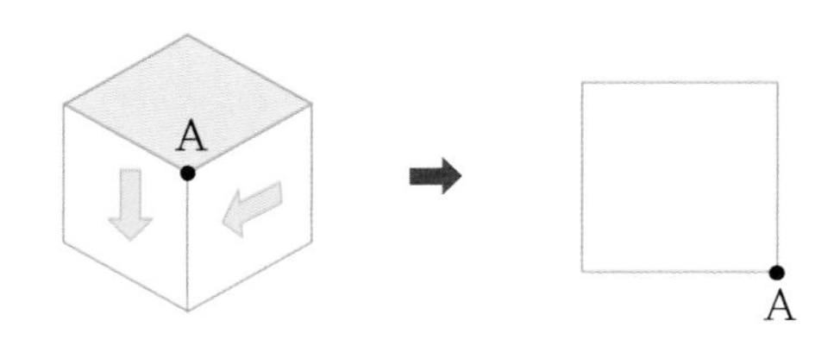

확인문제

1 다음 그림에 정사각형 하나를 더 그려 넣어 정육면체의 전개도를 완성하려고 합니다. 서로 다른 모양의 전개도를 몇 가지 그릴 수 있습니까? (단, 색칠한 면이 정육면체의 겉면이 되도록 합니다.)

Key Point

주어진 도형의 둘레에 정사각형을 하나씩 붙여 보면서 전개도가 되는 모양을 찾습니다.

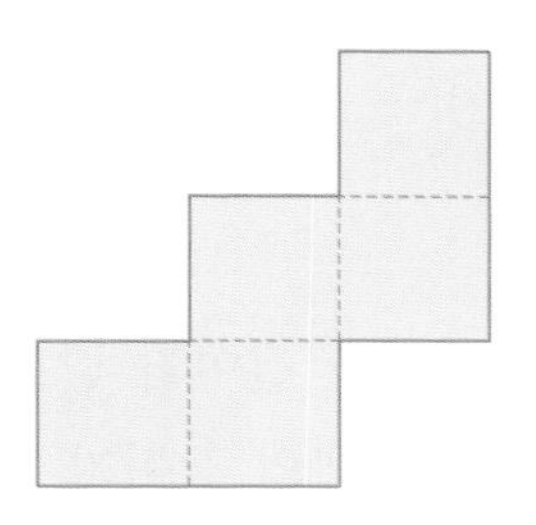

2 다음은 모두 |보기|와 같은 모양의 정육면체를 펼쳐서 그린 전개도입니다. 빈칸에 알맞은 모양을 그리시오.

전개도를 접을 때 서로 맞닿는 모서리나 꼭짓점을 연결해 봅니다.

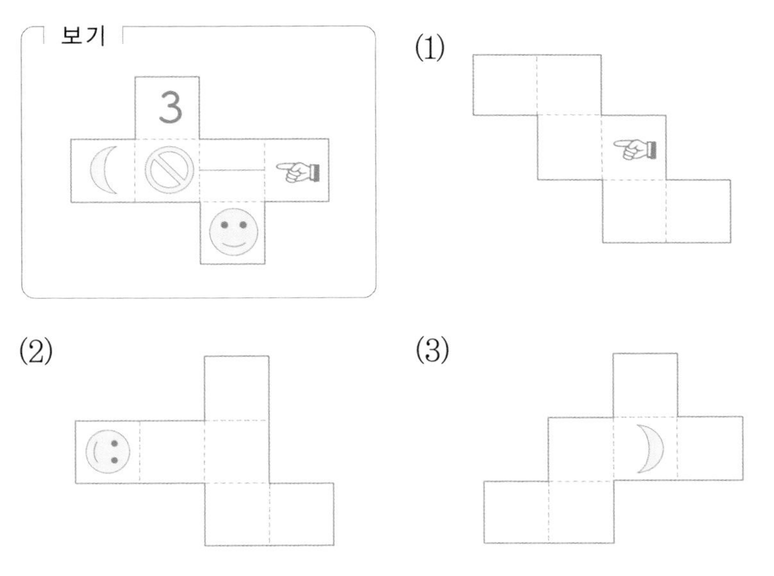

유형 O8-2 직육면체의 전개도의 둘레

한 변의 길이가 2인 정사각형 2개와 가로, 세로의 길이가 각각 2, 3인 직사각형 4개가 있습니다. 6개를 모두 이어 붙여 둘레가 가장 짧은 직육면체의 전개도를 만들었을 때, 그 둘레의 길이를 구하시오.

1 두 변의 길이가 각각 2, 3인 2개의 직사각형을 길이가 같은 변끼리 이어 붙여 만든 도형의 둘레의 길이를 구하시오. 또, 어느 것의 둘레의 길이가 더 짧습니까?

①

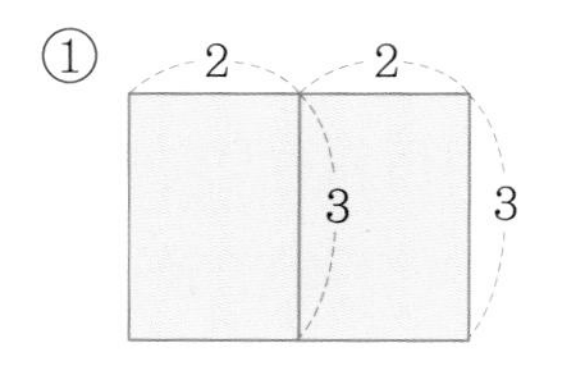

②

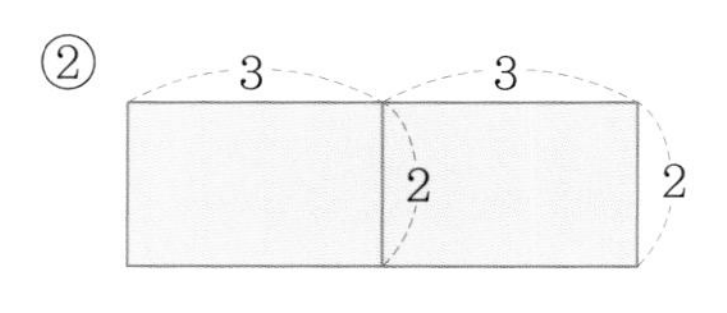

2 둘레가 가장 짧게 전개도를 만들려면 길이가 긴 변을 가장 많이 이어 붙이면 됩니다. 둘레의 길이가 가장 짧은 직육면체의 전개도를 그리고, 그 둘레의 길이를 구하시오.

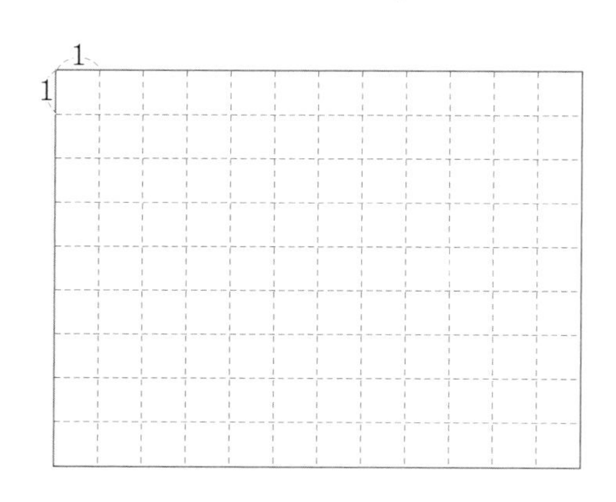

확인문제

1 가로, 세로, 높이가 각각 2cm, 2cm, 3cm인 직육면체의 전개도를 그리려고 합니다. 전개도의 둘레가 가장 길 때의 길이를 구하시오.

3cm

2cm

2cm

Key Point

전개도의 둘레의 길이를 가장 길게 하려면 짧은 변끼리 가장 많이 이어 붙여야 합니다.

2 전개도를 그리는 방법에 따라 전개도를 포함하는 가장 작은 직사각형의 넓이가 달라집니다. 가로, 세로, 높이가 각각 3cm, 2cm, 1cm인 직육면체의 전개도를 포함하는 가장 작은 직사각형의 넓이를 구하시오.

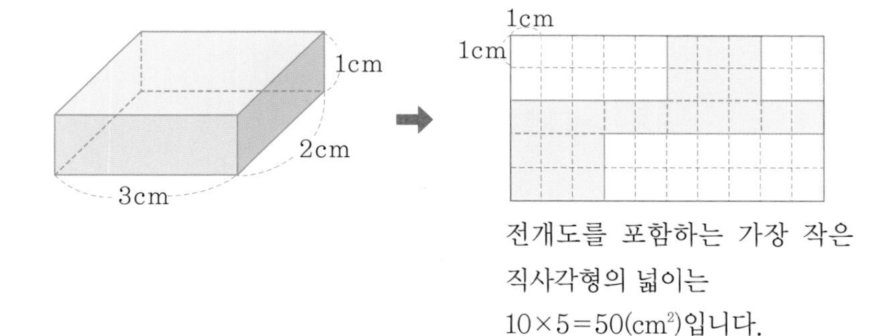

전개도를 포함하는 가장 작은 직사각형의 넓이는 $10\times5=50(\text{cm}^2)$입니다.

직사각형의 넓이가 가장 작으려면 길이가 긴 변을 가장 많이 이어 붙여야 합니다.

창의사고력 다지기

1 정사각형을 그림과 같이 16칸으로 나누어 1에서 16까지의 수를 써넣었습니다. 이 정사각형 위에 |보기|와 같이 여러 가지 방법으로 정육면체의 전개도를 그릴 때, 6개 면에 쓰여진 수의 합이 가장 큰 것을 찾아 그 합을 구하시오.

보기

1	12	11	10
2	13	16	9
3	14	15	8
4	5	6	7

1	12	11	10
2	13	16	9
3	14	15	8
4	5	6	7

2 다음 전개도를 접어서 만든 정육면체를 위, 앞, 오른쪽 옆에서 보았을 때의 모양을 그리시오.

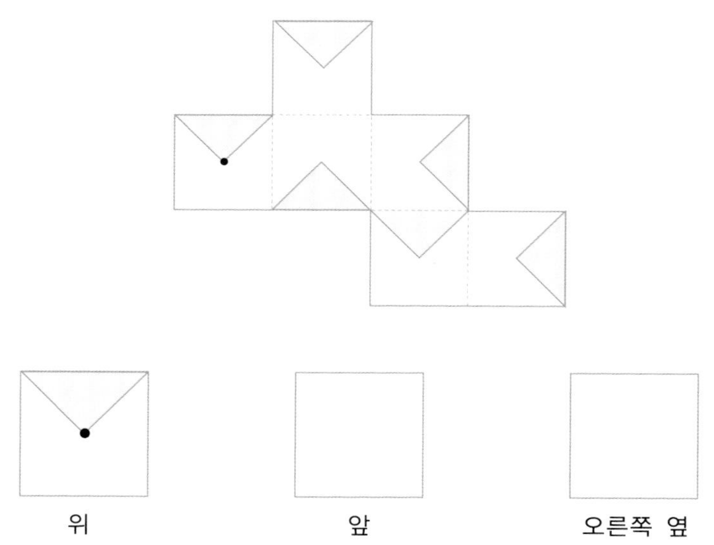

3 다음 전개도를 접어 직육면체를 만들 때, 점 ㄱ과 만나는 점을 모두 쓰시오.

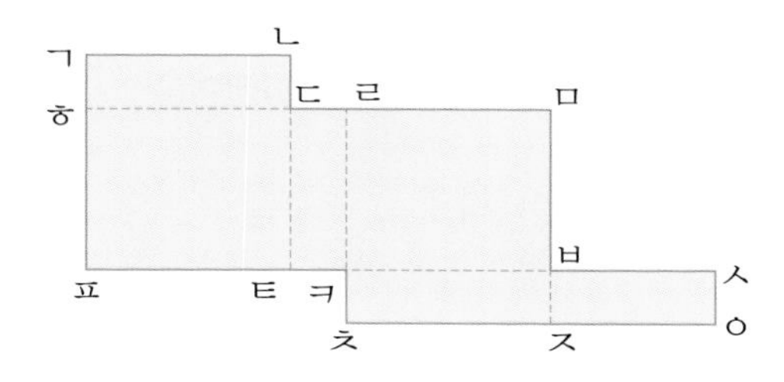

4 한 모서리가 2cm인 정육면체의 전개도를 그림과 같이 가로 8cm, 세로 6cm인 직사각형 종이 위에 꼭 맞게 그릴 수 있습니다. 이와 같은 방법으로 가로 3cm, 세로 2cm, 높이 3cm인 직육면체의 전개도를 그릴 때, 넓이가 가장 작은 직사각형의 넓이를 구하시오.

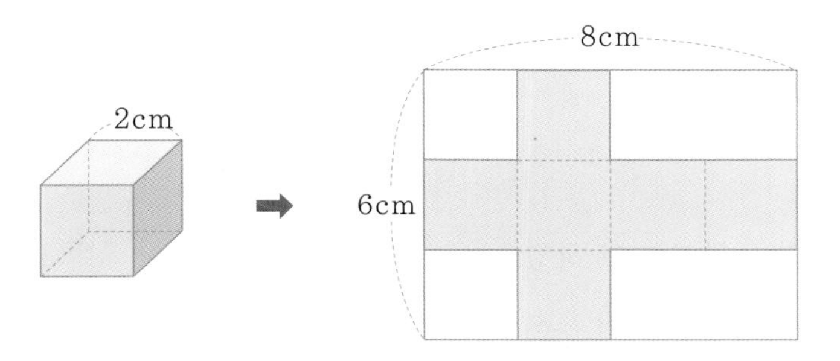

09 주사위의 칠점 원리

개념학습 **주사위의 칠점 원리**

① 주사위의 각 면에는 1에서 6까지의 눈이 있고, 마주 보는 두 눈의 합은 항상 7입니다. 이것을 주사위의 칠점 원리라고 합니다.

② 오른쪽 주사위에서 주사위의 칠점 원리에 따르면 아랫면은 ,

뒷면은 , 왼쪽 면은  입니다.

예제 다음은 2개의 주사위를 서로 맞닿는 면의 눈이 같게 쌓은 것입니다. 바닥에 붙어 있는 면의 눈은 얼마입니까?

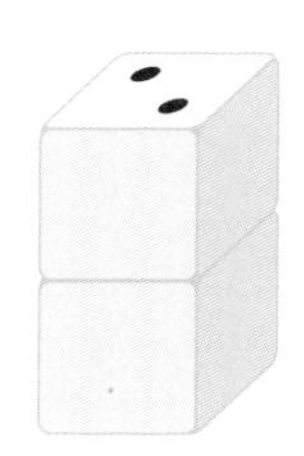

강의노트

① 주사위 ㉠의 윗면의 눈이 2이므로 아랫면의 눈은 주사위의 칠점 원리에 의해 ☐가 됩니다.

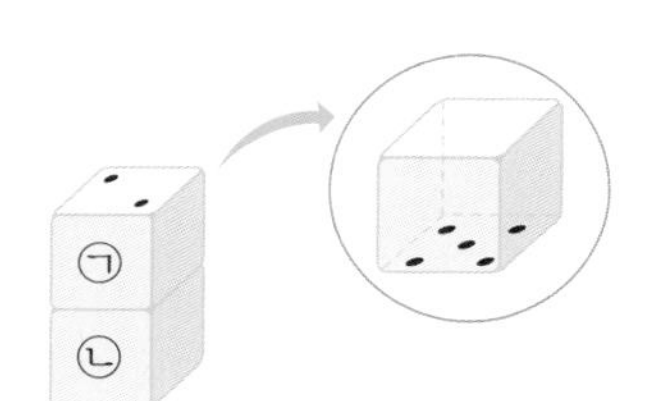

② 서로 맞닿는 면의 눈이 같다고 하였으므로 주사위 ㉡의 윗면은 ☐가 되고, 따라서 아랫면의 눈은 ☐입니다.

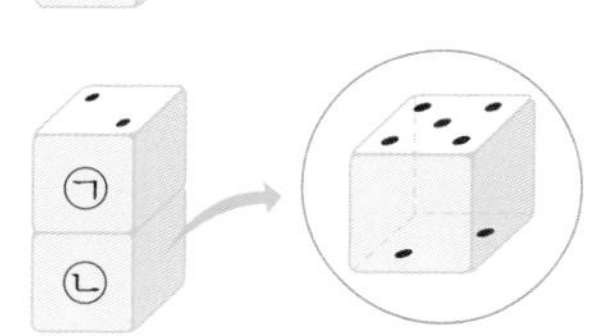

유제 다음 주사위의 보이지 않는 면의 눈을 각각 그리시오.

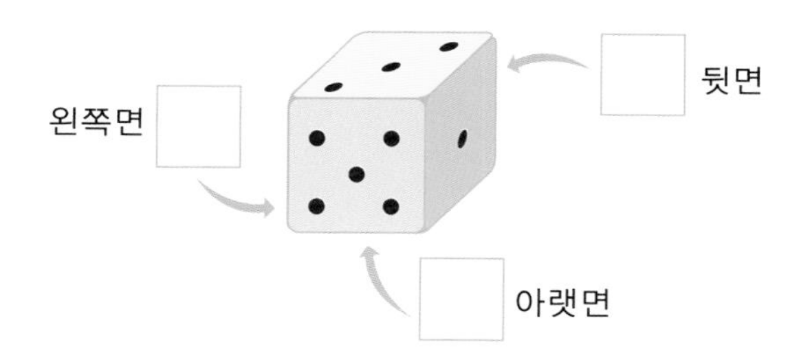

창의사고력수학
FACTO

개념학습 주사위 붙이기

① 주사위 1개의 여섯 면의 눈의 합은 $1+2+3+4+5+6=21$입니다.

② 주사위 2개를 면끼리 붙일 때 겉면에 보이는 눈의 합이

• 가장 클 때:

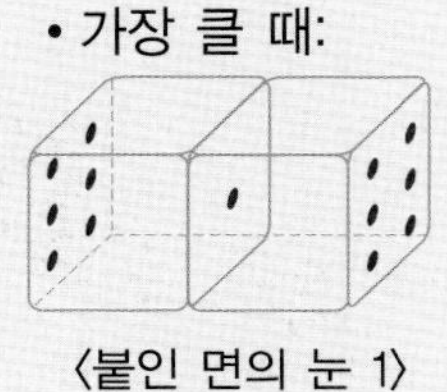

〈붙인 면의 눈 1〉

$21\times2-(1\times2)=40$

• 가장 작을 때:

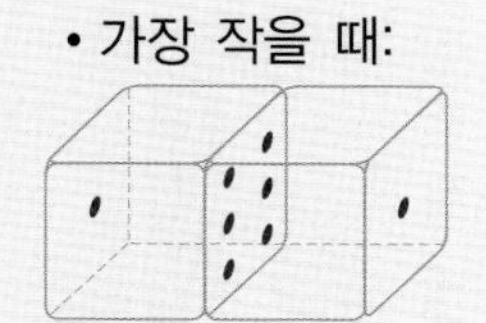

〈붙인 면의 눈 6〉

$21\times2-(6\times2)=30$

예제 다음과 같이 2개의 주사위를 붙였습니다. 바닥면을 제외한 겉면의 눈의 합은 얼마입니까?

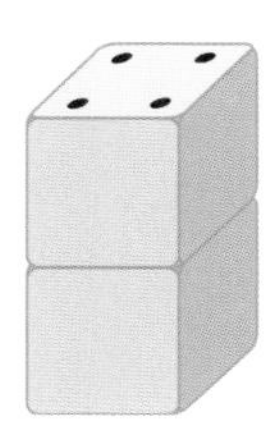

강의노트

① 위에 있는 주사위에서 맞닿은 면의 눈은 주사위의 칠점 원리에 의해 □이므로 겉면의 눈의 합은

□+□+□+□+□=□입니다.

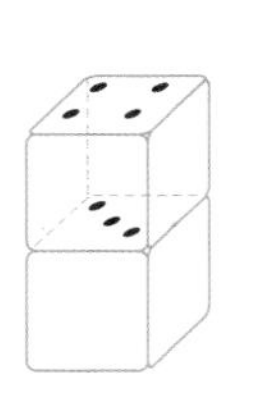

21－3＝18로
구할 수도 있지.

② 아래에 있는 주사위에서 맞닿은 면과 바닥면의 눈의 합은 칠점 원리에 의해 □이므로 아래에 있는 주사위의 겉면의 눈의 합은 □－□＝□입니다.

③ 따라서 두 주사위의 겉면에 있는 눈의 합은 □＋□＝□입니다.

유제 다음과 같이 두 주사위를 색칠된 면끼리 붙였습니다. 바닥면을 포함하여 겉면에 보이는 눈의 합은 얼마입니까?

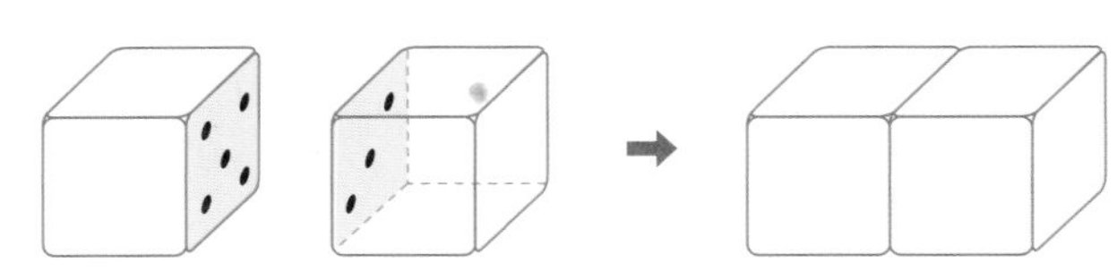

유형 09-1 칠점 원리의 활용

왼쪽과 같은 주사위 3개를 이어 붙여서 오른쪽 모양과 같이 만들었습니다. 서로 맞닿은 면의 눈이 같다면, 면 (가)의 눈의 수는 얼마입니까?

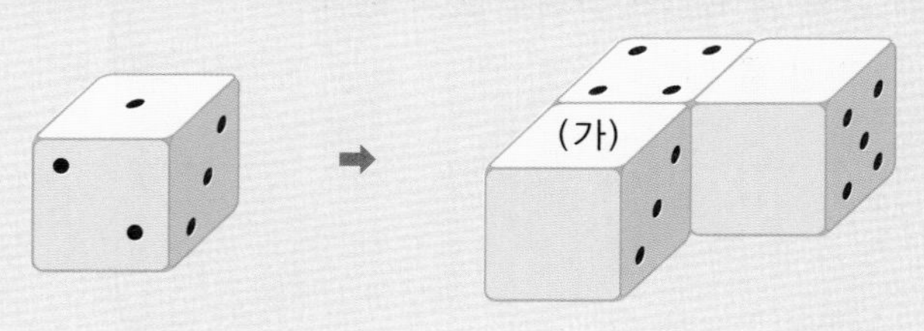

1 오른쪽 그림은 세 개의 주사위의 붙은 면을 떼어 놓은 모습입니다. 주사위의 칠점 원리를 이용하여 색칠한 ①, ② 주사위의 맞닿은 면의 눈의 수를 구하시오.

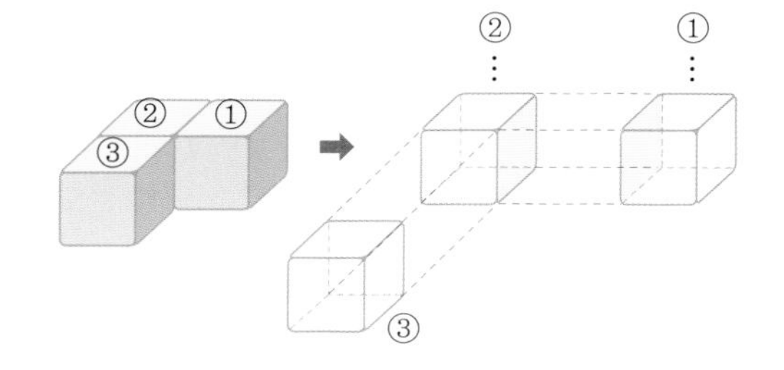

2 주사위의 칠점 원리를 이용하여 ② 주사위의 바닥면의 눈의 수를 구하시오.

3 왼쪽 주사위의 눈의 수를 이용하여 색칠한 ②, ③ 주사위의 맞닿은 면의 눈의 수를 구하시오.

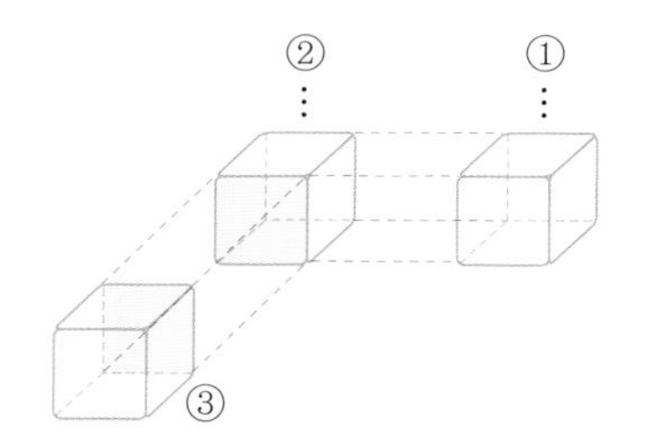

4 왼쪽 주사위의 눈의 수를 이용하여 ③ 주사위의 바닥면의 눈의 수를 구하시오.

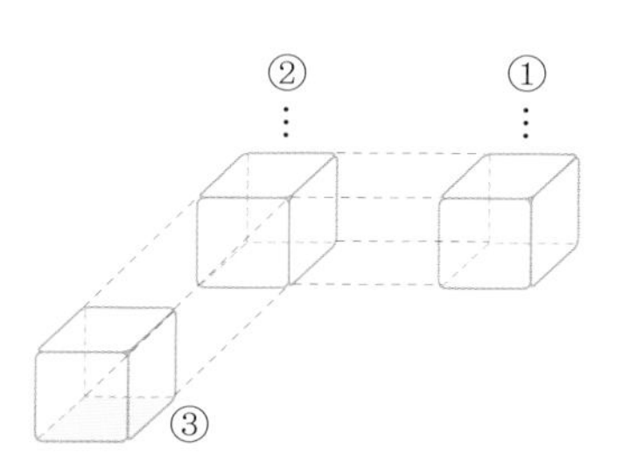

5 주사위의 칠점 원리를 이용하여 면 (가)의 눈의 수를 구하시오.

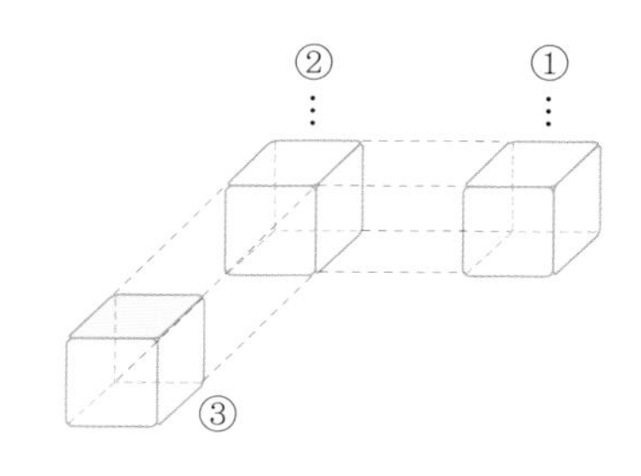

Key Point

가장 아래에 놓인 주사위의 바닥면과 윗면의 눈의 합은 7입니다.

1 마주 보는 면의 눈의 합이 7인 주사위 5개를 다음과 같은 모양으로 쌓았습니다. 바닥면을 포함하여, 겹쳐져서 보이지 않는 면의 눈의 수의 합은 얼마입니까?

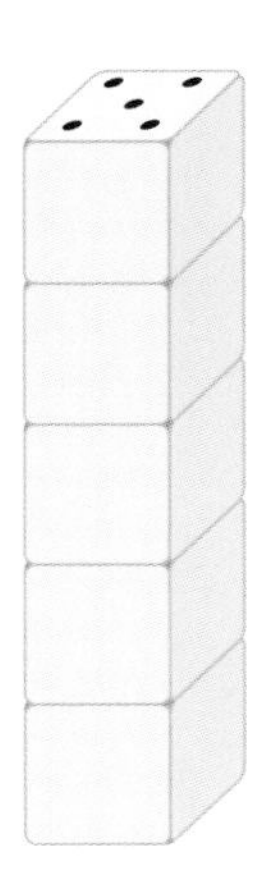

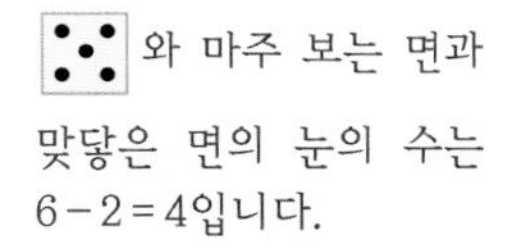

와 마주 보는 면과 맞닿은 면의 눈의 수는 6－2＝4입니다.

2 왼쪽과 같은 모양의 주사위 4개를 오른쪽 그림과 같이 이어 붙였습니다. 서로 맞닿은 면의 눈의 합이 항상 6이라면, 면 ㉠에 알맞은 눈의 수는 얼마입니까?

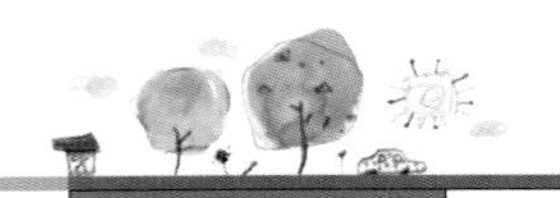

유형 09-2 주사위 4개 붙이기

주사위 4개를 다음과 같이 쌓았습니다. 바닥면을 포함하여 겉면에 있는 눈의 합이 가장 클 때의 값을 구하시오.

1 주사위 한 개의 면의 눈의 합은 얼마입니까?

2 겉면의 눈의 합이 가장 크려면 붙어 있는 면의 눈의 합이 가장 작아야 합니다. ③ 주사위에 붙어 있는 ①, ②, ④ 주사위의 면의 눈의 합을 구하시오.

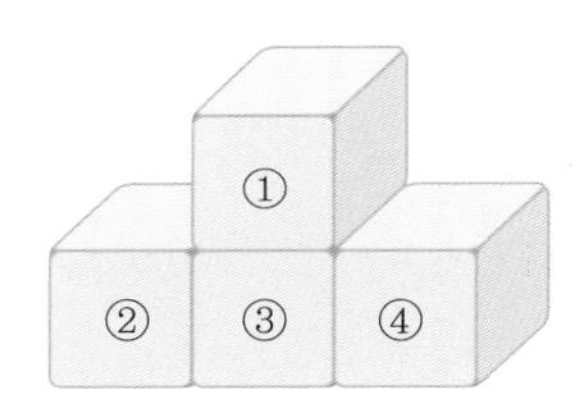

3 ③ 주사위의 붙어 있는 세 면의 눈의 합은 얼마입니까?

4 겉면의 눈의 합은 4개의 주사위의 눈의 합에서 붙어 있는 면의 눈의 합을 빼면 됩니다. 겉면의 눈의 합을 구하시오.

확인문제

1 주사위 4개를 다음과 같이 쌓았습니다. 바닥면을 포함하여 겉면에 있는 눈의 합이 가장 작을 때의 값을 구하시오.

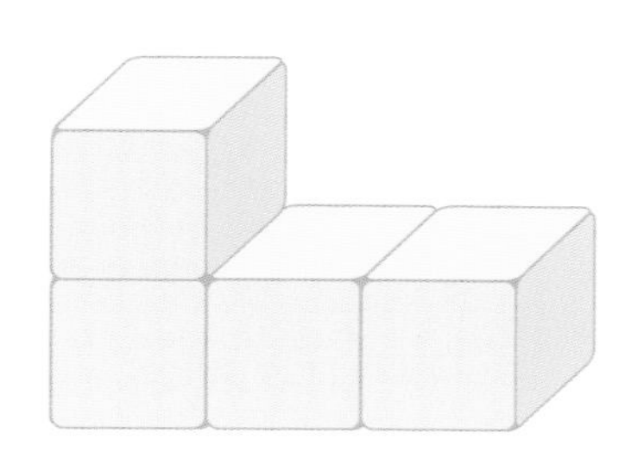

Key Point

겉면의 눈의 합이 가장 작으려면 붙어 있는 면의 눈의 합이 가장 커야 합니다.

2 다음은 주사위 5개를 붙여 만든 도형입니다. 이 도형의 바닥면을 포함한 겉면에 있는 눈의 합이 가장 클 때의 값을 구하시오.

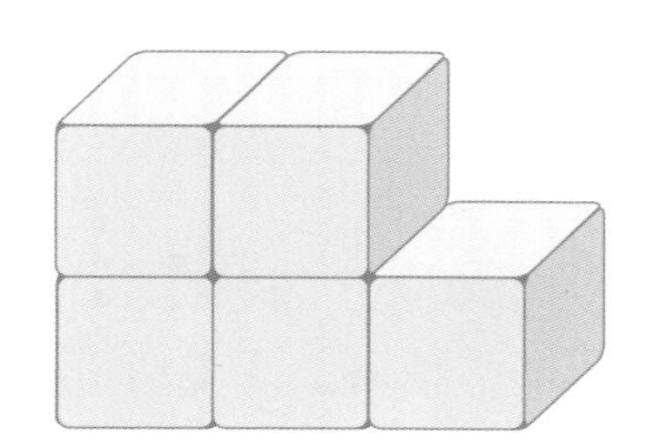

겉면의 눈의 합이 가장 크려면 붙어 있는 면의 눈의 합이 가장 작아야 합니다.

창의사고력 다지기

1 다음 그림은 주사위의 전개도입니다. 주사위의 마주 보는 두 면의 눈의 합이 7이 되도록 전개도의 빈칸에 눈을 그려 넣으시오.

(1) (2)

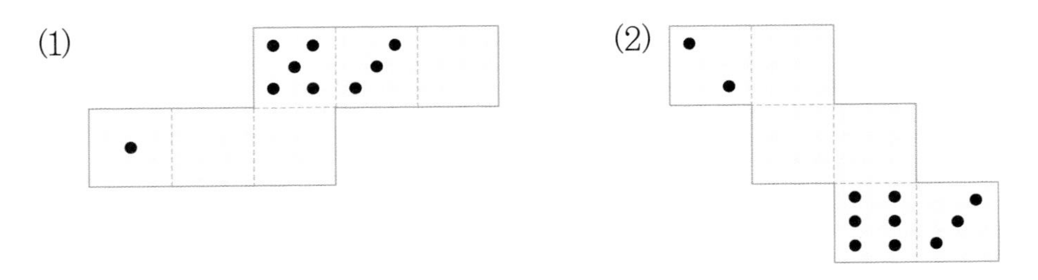

2 왼쪽과 같은 모양의 주사위 3개를 이어 붙여 오른쪽 모양의 도형을 만들었습니다. 주사위의 마주 보는 면의 눈의 합이 7이고 서로 맞닿은 면의 눈의 합이 5라면, 면 ㉠의 눈의 수는 얼마입니까?

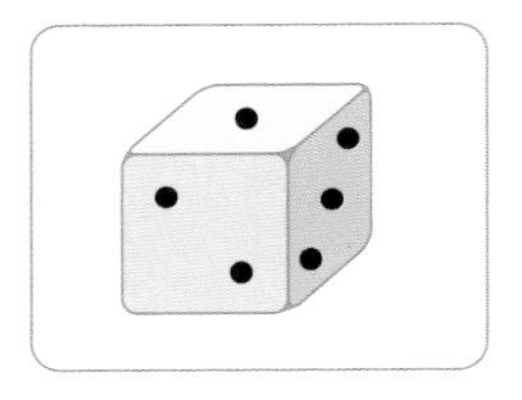

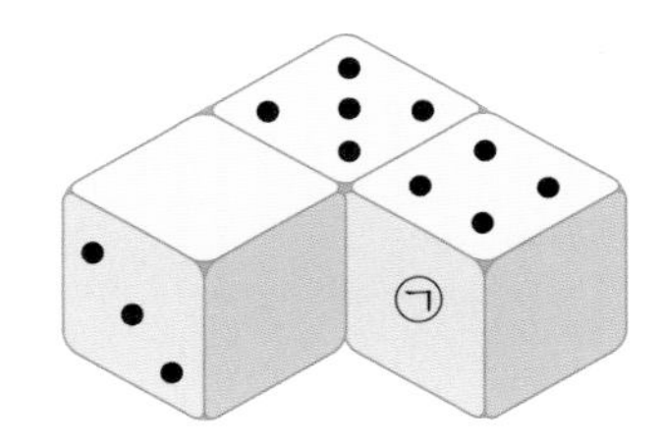

3 다음은 똑같은 주사위 6개로 만든 모양입니다. 바닥면을 포함한 겉면의 눈의 합이 가장 작을 때의 값을 구하시오.

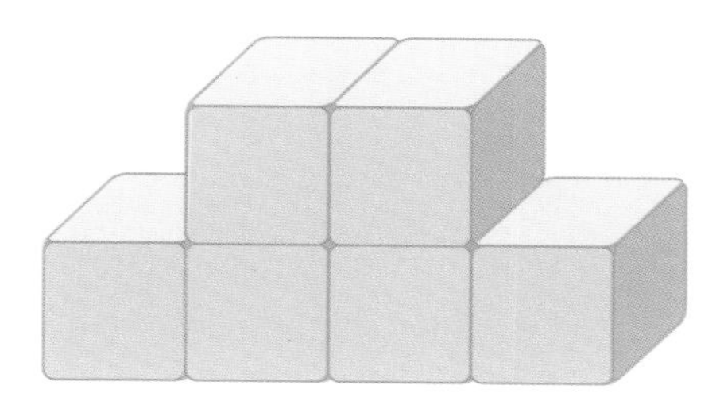

4 다음은 주사위 4개를 쌓아 만든 입체도형을 위, 앞, 오른쪽 옆에서 본 모양을 각각 나타낸 것입니다. 주사위끼리 맞닿은 면의 눈의 합이 가장 큰 경우와 가장 작은 경우를 각각 구하시오. (단, 숫자는 주사위 눈의 수입니다.)

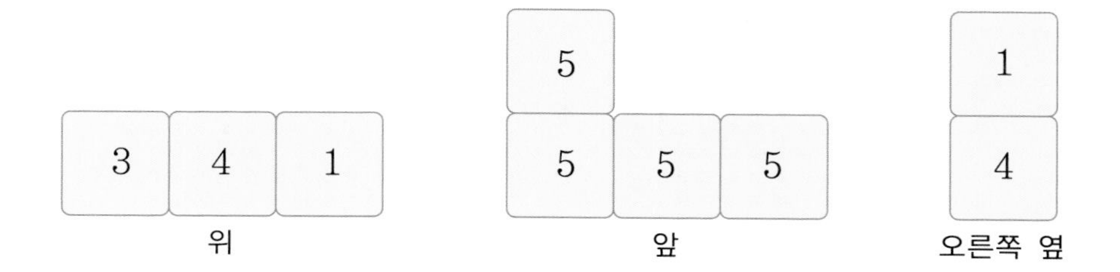

Memo

Ⅳ 규칙과 문제해결력

10 여러 가지 수열

11 배열의 규칙

12 약속과 암호

규칙과 문제해결력

10 여러 가지 수열

개념학습 수열의 규칙 찾기

① 일정한 수를 더하는 수열

1, 4, 7, 10, 13, 16, 19, 22, … □ (+3 +3 +3 +3 +3 +3 +3) ➡ □째 번 수: 1+3+3+ … +3 ((□−1)개)

② 일정한 수를 곱하는 수열

1, 2, 4, 8, 16, 32, 64, 128, … □ (×2 ×2 ×2 ×2 ×2 ×2 ×2) ➡ □째 번 수: 1×2×2× … ×2 ((□−1)개)

③ 더하는 수가 규칙적으로 변하는 수열

1, 2, 4, 7, 11, 16, 22, 29, … □ (+1 +2 +3 +4 +5 +6 +7) ➡ □째 번 수: 1+1+2+3+ … +(□−1)

예제 다음은 어떤 규칙에 따라 수를 늘어놓은 것입니다. 이 수열의 31째 번 수는 얼마입니까?

1, 5, 9, 13, 17, 21, 25, 29, …

강의노트

① 이 수열은 앞의 수에 일정한 수 □를 더하여 만든 수열입니다.

② 첫째 번 수: 1

둘째 번 수: 1+4=5

셋째 번 수: 1+4+4=1+(4×2)=9

넷째 번 수: 1+4+4+4=1+(4×3)=13

다섯째 번 수: 1+□+□+□+□=1+4×□=17

⋮

31째 번 수: 1+4+4+ … +4=1+(4×□)=□ (□개)

유제 다음 수열의 12째 번 수를 구하시오.

2, 4, 8, 14, 22, 32, 44, …

개념학습 **군수열**

① 다음과 같이 묶음으로 규칙을 가지고 배열되어 있는 수열을 군수열이라고 합니다.

(1, 2, 3), (3, 4, 5), (5, 6, 7), (7, 8, 9), …

② 어떤 수열은 묶음을 이용하면 규칙을 쉽게 찾을 수 있습니다.

1, 1, 2, 1, 2, 3, 1, 2, 3, 4, …

➡ (1), (1, 2), (1, 2, 3), (1, 2, 3, 4), …

예제 다음은 어떤 규칙에 따라 수를 늘어놓은 것입니다. 50째 번 수를 구하시오.

1, 2, 3, 2, 3, 4, 3, 4, 5, 4, 5, 6, …

강의노트

① 위의 수열을 3개씩 괄호로 묶어 보면 다음과 같습니다.

(1, 2, 3), (2, 3, 4), (3, 4, 5), (4, 5, 6), …

② 3개씩 한 묶음을 기준으로 50보다 작으면서 50에 가까운 수는

$\underbrace{3+3+\cdots+3}_{16개}=3\times$ ☐ = ☐(개)이므로 50째 번 수는 ☐째 번 묶음의 둘째 번 수입니다.

③ 각 묶음의 첫째 번 수가 1부터 1씩 늘어나므로 17째 번 묶음의 첫째 번 수는 ☐입니다.

또, 각 묶음의 수는 첫째 번 수부터 1씩 늘어나므로 17째 번 묶음의 둘째 번 수는 ☐입니다.

④ 따라서 50째 번 수는 ☐입니다.

유제 다음 수열의 20째 번 수를 구하시오.

1, 2, 3, 3, 4, 5, 5, 6, 7, …

유형 10-1 규칙이 2개 이상 섞여 있는 수열

다음은 어떤 규칙에 따라 늘어놓은 수들입니다. 30은 몇째 번에 나오는 수인지 모두 구하시오.

1, 2, 2, 4, 3, 6, 4, 8, 5, 10, …

1 다음은 위의 수열을 홀수째 번 수와 짝수째 번 수로 나누어 쓴 것입니다. 규칙을 찾아 □ 안에 알맞은 수를 써넣으시오.

- 홀수째 번 수: 1, 2, 3, 4, 5, □, □, …
- 짝수째 번 수: 2, 4, 6, 8, 10, □, □, …

2 홀수째 번 수에서 30은 몇째 번 수입니까?

3 짝수째 번 수에서 30은 몇째 번 수입니까?

4 위의 수열에서 홀수째 번 수의 □째 번 수는 (□×2−1)째 번 수이고, 짝수째 번 수의 ■째 번 수는 (■×2)째 번 수입니다. 30은 몇째 번에 나오는 수인지 모두 구하시오.

5 100째 번 수는 얼마입니까?

확인문제

∘ Key Point

1 다음과 같이 철민이가 공책에 어떤 규칙으로 수를 쓰다가 심부름을 갔습니다. 64는 몇째 번에 나오는지 모두 구하시오.

홀수째 번 수와 짝수째 번 수로 나누어 규칙을 찾아봅니다.

2 다음은 분수들을 일정한 규칙에 따라 늘어놓은 것입니다. 14째 번에 올 분수를 구하시오.

분수를 분자와 분모로 나누어 규칙을 찾아봅니다.

$$\frac{1}{2}, \frac{2}{3}, \frac{3}{5}, \frac{4}{8}, \frac{5}{12}, \frac{6}{17}, \frac{7}{23}, \cdots$$

유형 10-2 묶음 안에 규칙이 있는 수열

다음과 같이 수를 규칙적으로 늘어놓을 때, $\frac{2}{6}$는 몇째 번에 나오는 수입니까?

$\frac{1}{1}, \frac{1}{2}, \frac{2}{1}, \frac{1}{3}, \frac{2}{2}, \frac{3}{1}, \frac{1}{4}, \frac{2}{3}, \frac{3}{2}, \frac{4}{1}, \cdots$

1 분자와 분모의 합이 같은 것끼리 묶어 보시오.

$\boxed{\frac{1}{1}}, \boxed{\frac{1}{2}, \frac{2}{1}}, \boxed{\frac{1}{3}, \frac{2}{2}, \frac{3}{1}}, \boxed{\frac{1}{4}, \frac{2}{3}, \frac{3}{2}, \frac{4}{1}}, \cdots$

2 $\frac{2}{6}$는 분자와 분모의 합이 얼마인 묶음 안에 들어가야 합니까?

3 각 묶음 안에서 분자와 분모는 어떻게 변하는지 쓰시오.

4 다음 표를 완성하고, $\frac{2}{6}$는 몇째 번 묶음 안에 들어가는지 구하시오.

묶음	첫째 번	둘째 번	셋째 번	넷째 번	다섯째 번	여섯째 번
분자 분모의 합	2	3				
묶음 안의 분수의 개수	1	2				

5 $\frac{2}{6}$가 들어가는 묶음 안의 첫째 번 분수는 얼마입니까? 또, 묶음 안에서 $\frac{2}{6}$는 몇째 번 수입니까?

6 $\frac{2}{6}$는 몇째 번에 나오는 수입니까?

확인문제

Key Point

1 다음과 같은 규칙으로 수가 쌍을 이루어 나열되어 있습니다. (4, 6)은 몇째 번에 있습니까?

(1, 1), (1, 2), (2, 1), (1, 3), (2, 2), (3, 1), (1, 4), (2, 3), (3, 2), (4, 1), ⋯

쌍을 이루고 있는 두 수의 합이 같은 것끼리 묶어서 생각해 봅니다.

2 다음은 분수를 규칙적으로 늘어놓은 것입니다. 23째 번에 오는 분수를 구하시오.

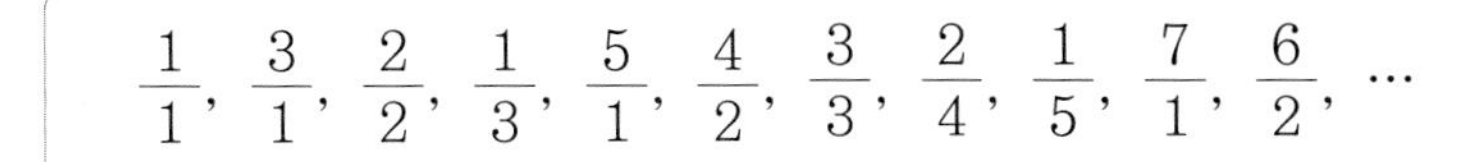

$\frac{1}{1}, \frac{3}{1}, \frac{2}{2}, \frac{1}{3}, \frac{5}{1}, \frac{4}{2}, \frac{3}{3}, \frac{2}{4}, \frac{1}{5}, \frac{7}{1}, \frac{6}{2}, \cdots$

알맞은 규칙을 찾아 괄호로 묶어 봅니다.

창의사고력 다지기

1 다음 그림과 같은 규칙으로 색종이를 10번 접으면 색종이는 모두 몇 등분되는지 구하시오.

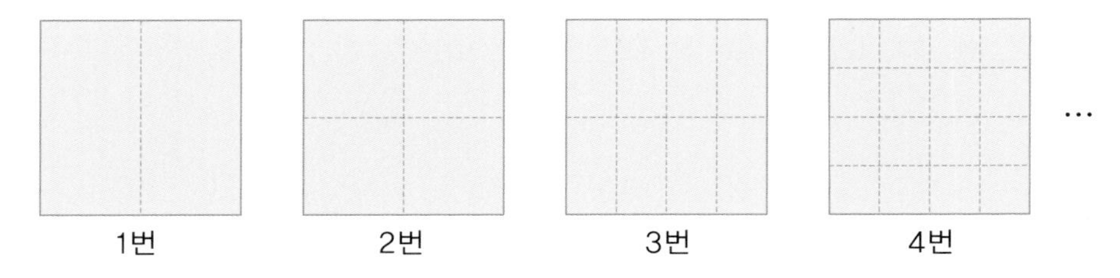

2 일정한 규칙이 있는 숫자를 4개씩 묶어 다음과 같이 나열하였습니다. 6째 번 묶음에 오는 수 중 오른쪽에서 둘째 번에 오는 수는 무엇입니까?

(1, 2, 3, 4), (2, 5, 8, 11), (3, 8, 13, 18), (4, 11, 18, 25), …

3 다음과 같이 일정한 규칙으로 수들이 쌍을 이루며 나열되어 있습니다. 7째 번에 오는 수의 쌍을 구하시오.

(1, 3), (3, 6), (5, 12), (7, 24), (9, 48), ⋯

4 다음과 같이 분수가 규칙적으로 나열되어 있습니다. 분수가 처음으로 1보다 커지는 때는 몇째 번입니까?

$\frac{1}{11}, \frac{2}{13}, \frac{4}{15}, \frac{7}{17}, \frac{11}{19}, \cdots$

11 배열의 규칙

개념학습 몫과 나머지를 이용한 배열의 규칙

표에 일정한 규칙으로 수를 배열할 때, 가로 방향과 세로 방향으로 수들의 규칙을 찾을 수 있습니다.

나머지 \ 몫	0	1	2	3	4	…
0	0	4	8	12	16	
1	1	5	9	13	17	
2	2	6	10	14	18	
3	3	7	11	15	19	

→ 4로 나누어 나머지가 같은 수 (가로 방향)

↓ 4로 나누어 몫이 같은 수 (세로 방향)

예제 다음은 오각형의 다섯 개의 꼭짓점에 시계 방향으로 1부터 차례로 쓴 것입니다. 96은 어느 꼭짓점의 몇째 번에 쓰게 됩니까?

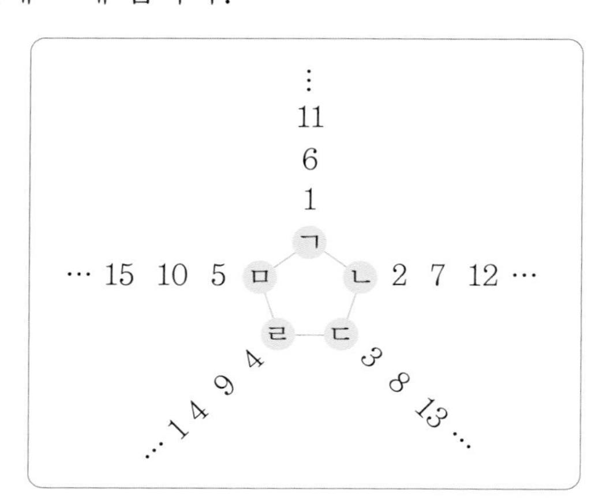

강의노트

① 꼭짓점 ㄱ, ㄴ, ㄷ, ㄹ, ㅁ에 나열되는 수는 각각 5로 나누었 때 나머지가 1, ☐, ☐, ☐, ☐인 수들입니다.

② 96은 5로 나누었을 때 나머지가 ☐이므로 꼭짓점 ☐ 위에 쓰입니다.

③ 1은 5로 나누었을 때 몫이 ☐이므로 꼭짓점 ㄱ의 ☐째 번에 쓰고, 6은 5로 나누었을 때 몫이 ☐이므로 ☐째 번에 씁니다.

④ 따라서 96은 5로 나누었을 때 몫이 ☐이므로 ☐째 번에 씁니다.

개념학습 **정사각형 모양의 배열 규칙**

정사각형 모양에 일정한 규칙으로 수를 배열할 때, 가로, 세로, 대각선 방향으로 수들의 규칙을 찾을 수 있습니다.

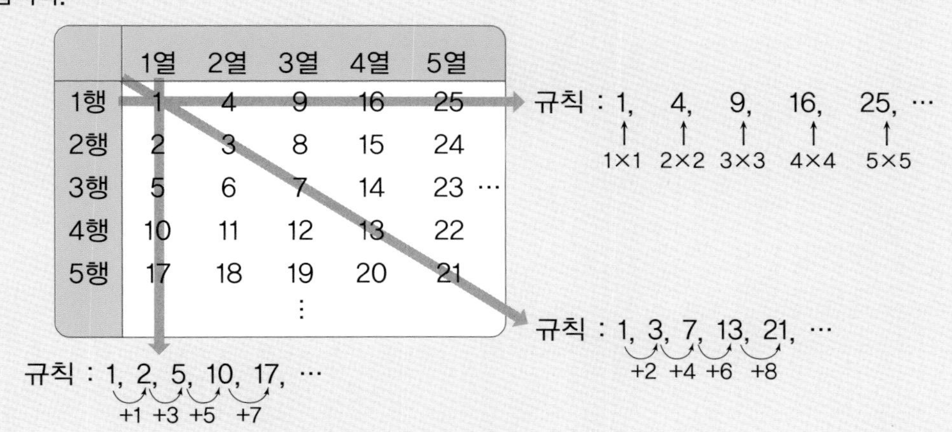

예제 다음과 같은 규칙으로 수를 나열할 때, 8행 1열의 수와 9행 9열의 수를 각각 구하시오.

	1열	2열	3열	4열	5열
1행	1	4	9	16	25
2행	2	3	8	15	24
3행	5	6	7	14	23 …
4행	10	11	12	13	22
5행	17	18	19	20	21
			⋮		

강의노트

① 1열의 수들을 나열하여 규칙을 찾아보면 더하는 수가 ☐씩 커집니다.

② 8행 1열의 수는 1열의 ☐째 번 수이므로 1+(1+3+5+☐+☐+☐+☐)=☐ 입니다.

③ 9행 9열의 수는 대각선에 있는 수입니다. 대각선의 수들을 나열하여 규칙을 찾아보면 더하는 수가 ☐씩 커집니다.

④ 9행 9열의 수는 대각선의 ☐째 번 수이므로
1+(2+4+6+☐+☐+☐+☐+☐)=☐입니다.

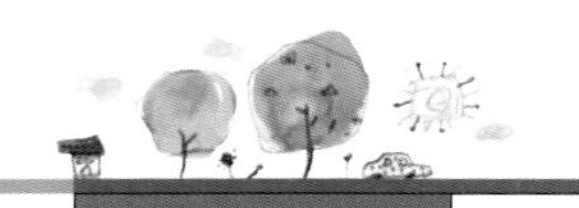

유형 11-1 손가락의 수 배열

다음 그림과 같이 손가락으로 수를 셀 때, 326은 어느 손가락으로 세면 됩니까?

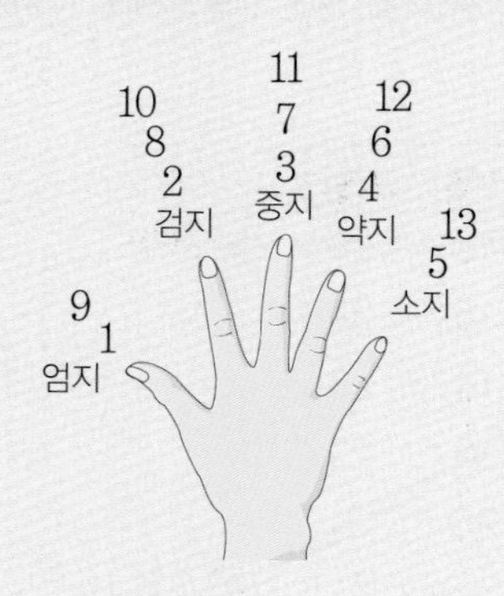

1 1부터 21까지의 수를 빈칸에 알맞게 써넣으시오.

엄지	검지	중지	약지	소지
1	2	3	4	5
				21

2 **1**에서 각 손가락이 세는 수는 8개씩 같은 위치에 반복됩니다. 엄지에서 검지까지 손가락이 8개씩 반복되므로 8로 나눈 나머지를 이용하여 빈칸에 알맞은 말을 써넣으시오.

8로 나눈 나머지	0	1	2	3	4	5	6	7
손가락 위치		엄지						

3 326을 8로 나누었을 때, 나머지는 얼마입니까?

4 326은 어느 손가락으로 세면 됩니까?

확인문제

Key Point

네 사람이 수를 말할 때 몇 개의 수의 위치가 반복되는지 생각해 봅니다.

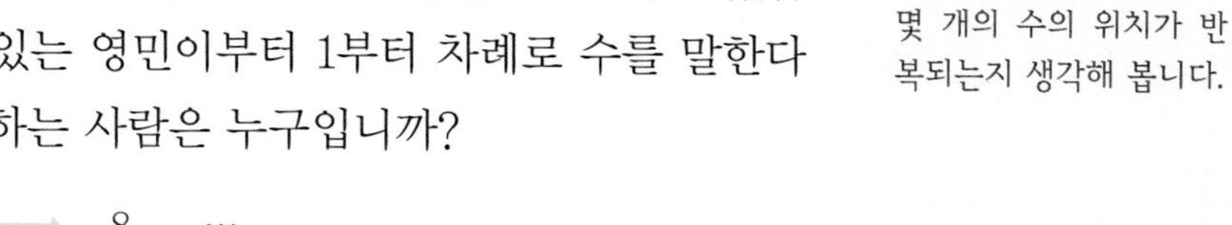

1 영민, 주영, 슬기, 용준 네 사람은 '수 세기 놀이'를 하고 있습니다. 가장 왼쪽에 있는 영민이부터 1부터 차례로 수를 말한다고 할 때, 186을 말하는 사람은 누구입니까?

실로폰을 치는 순서를 표로 그려 봅니다.

낮은 도	레	미	파	솔	라	시	높은 도
1	2	3	4	5	6	7	8
	14	13	12	11	10	9	
15	16	17	18	19	20	21	22
	28	27	26	25	24	23	
29	30	31	32	33	34	35	36
	⋮	⋮	⋮	⋮	⋮	⋮	⋮

2 다음과 같은 순서로 실로폰을 칠 때, 155째 번에 치게 되는 건반의 계명을 구하시오.

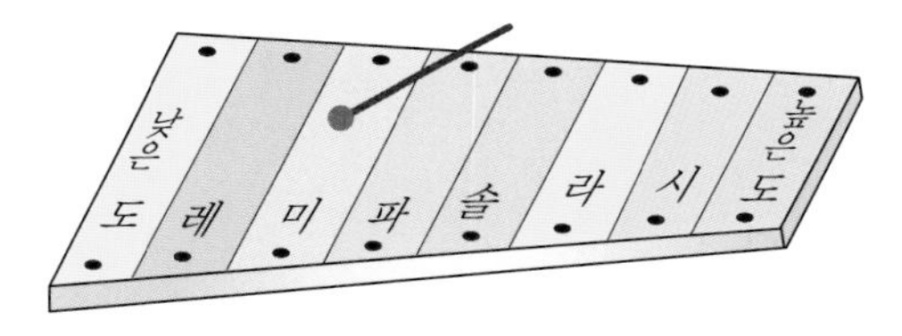

도 → 레 → 미 → 파 → 솔 → 라 → 시 → 도
↙ 레 ← 미 ← 파 ← 솔 ← 라 ← 시 ↙
도 → 레 → 미 → 파 → 솔 → 라 → 시 …

유형 11-2 ㄴ자 형태의 수 배열

다음과 같이 일정한 규칙에 따라 수를 배열할 때, 9행 7열의 수를 구하시오.

행＼열	1	2	3	4	…
1	1	2	5	10	…
2	4	3	6	11	…
3	9	8	7	12	…
4	16	15	14	13	…
⋮	⋮	⋮	⋮	⋮	⋮

1 대각선에 있는 수들의 규칙을 찾아 9행 9열의 수를 구하시오.

2 9행 7열의 수는 9행 9열을 기준으로 어느 쪽으로 얼마나 떨어져 있습니까?

3 대각선에 있는 수에서 왼쪽으로 1칸씩 이동할 때, 수가 어떻게 변하는지 쓰시오.

4 9행 7열의 수는 얼마입니까?

5 7행 3열의 수는 얼마입니까?

1 다음은 일정한 규칙에 따라 수를 쓴 것입니다. 10행의 왼쪽에서 5째 번 수를 구하시오.

1					… 1행
2	3				… 2행
4	5	6			… 3행
7	8	9	10		… 4행
11	12	13	14	15	… 5행
⋮					

Key Point

각 행의 첫째 번에 써 있는 수의 규칙을 찾아봅니다.

2 다음 그림과 같이 수들이 배열되어 있습니다. 첫째 번으로 꺾이는 점에 써 있는 수는 2, 둘째 번으로 꺾이는 점에 써 있는 수는 3, 셋째 번으로 꺾이는 점에 써 있는 수는 5, …일 때, 16째 번으로 꺾이는 점에 써 있는 수는 얼마입니까?

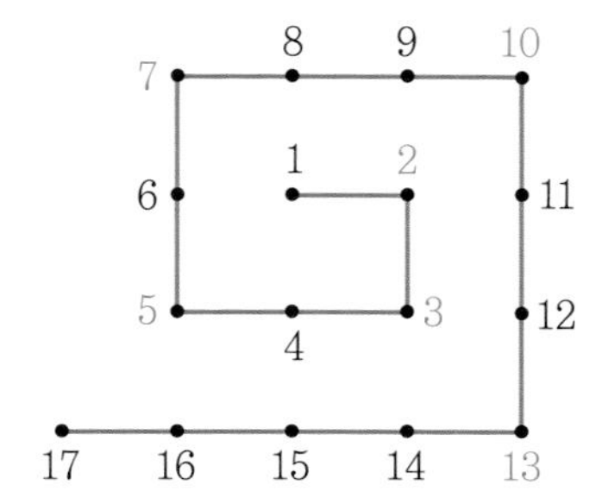

꺾이는 점에 있는 수들을 나열하여 일정한 규칙을 찾아봅니다.

창의사고력 다지기

1 다음과 같이 사각형 ㄱㄴㄷㄹ의 각 꼭짓점에 0에서 300까지의 수가 순서대로 쓰여 있습니다. 237은 어느 꼭짓점에 있으며, 그 꼭짓점의 몇째 번에 있는 수입니까?

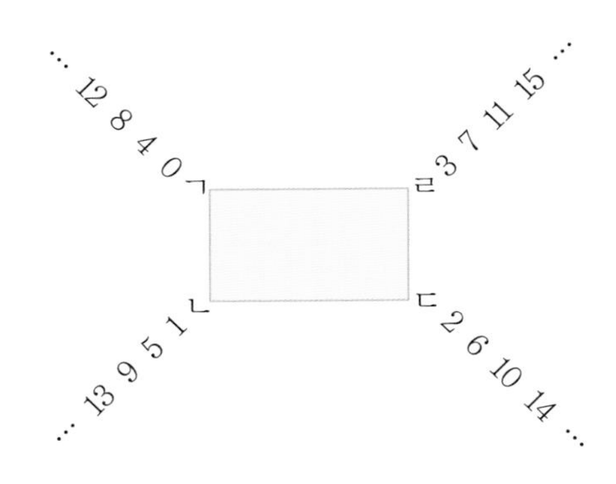

2 다음과 같이 수를 나열할 때, 2행 4열의 수는 11입니다. 6행 9열에 오는 수는 얼마입니까?

	1열		2열		3열		4열
1행	1	→	2		9	→	10
			↓		↑		↓
2행	4	←	3		8		11
	↓				↑		↓
3행	5	→	6	→	7		12
							↓
4행	16	←	15	←	14	←	13
	↓						
5행	17	→	18	→	19	…	

3 다음과 같이 왼손의 소지에서 시작하여 규칙에 따라 수를 세면, 162는 어느 쪽 손의 어느 손가락으로 세면 되는지 구하시오.

19 → 20 → ⋯
↖ 18 ← 17 ← 16 ← 15 ← 14 ← 13 ← 12 ← 11 ↖
1 → 2 → 3 → 4 → 5 → 6 → 7 → 8 → 9 → 10

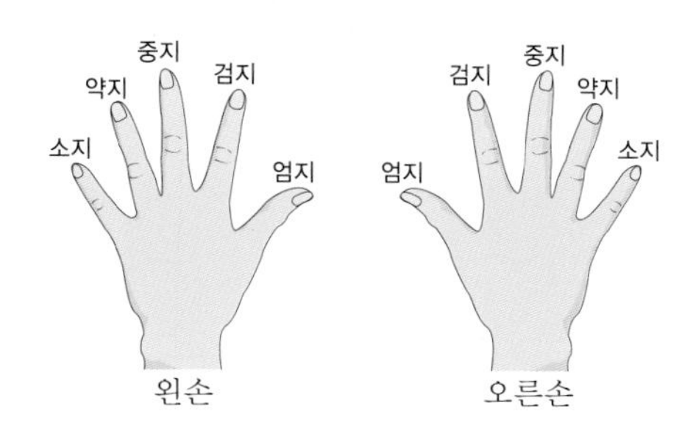

4 일정한 규칙에 따라 수를 써 놓은 종이가 다음과 같이 찢어졌습니다. 93은 몇 행 몇 열에 오는 수인지 구하시오.

행＼열	1	2	3	4
1	1	4	9	16
2	2	3	8	
3	5	6	7	
4	10	11	12	

12 약속과 암호

개념학습 **암호 해독**

① 스키테일 암호는 기원전 450년경 그리스에서 처음 발견된 것으로, 그리스 스파르타 군이 군사적 목적으로 사용한 최초의 암호입니다.
종이 테이프를 풀어 세로로 길게 늘어선 글을 읽으면 무슨 뜻인지 알 수 없지만, 같은 크기의 나무에 감아서 가로로 글을 읽으면 문서의 내용을 알 수 있습니다.

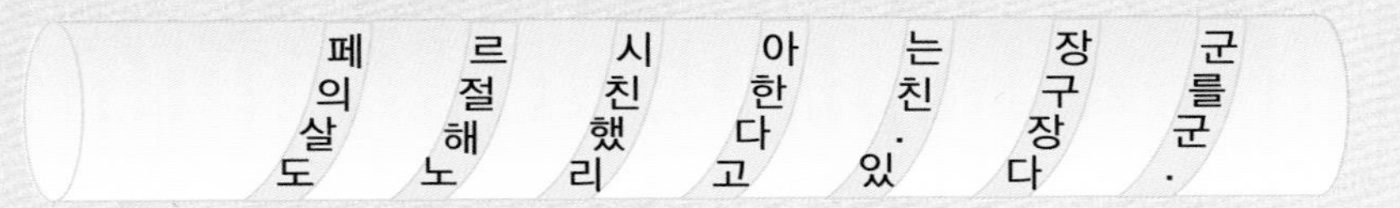

➡ 페르시아는 장군의 절친한 친구를 살해했다. 장군도 노리고 있다.

② 키(열쇠) : 암호를 푸는 단서를 키라고 합니다. 다음 암호의 키는 2입니다.

발 천 없 리 는 간 말 다 이 ➡ "발 없 는 말 이 천 리 간 다."

예제 어떤 암호에 의하면 PBLRI는 서울을 의미합니다. ILKALK는 어떤 도시의 이름입니까? (단, 이 암호의 열쇠는 3입니다.)

강의노트

① 서울을 영어로 쓰면 SEOUL이므로 P → S, B → E, L → O, R → U, I → L로 해독할 수 있습니다.

② 다음은 알파벳 26개를 순서대로 나열한 것입니다.

A	B	C	D	E	F	G	H	I	J	K	L	M	N	O	P	Q	R	S	T	U	V	W	X	Y	Z

P를 S로 해독하기 위해서는 P에서 오른쪽으로 ☐칸 이동해야 합니다. 나머지 B, L, R, I 모두 (오른쪽, 왼쪽)으로 ☐칸 이동해야 각각 E, O, U, L로 해독할 수 있습니다.

③ 이 암호의 해독 방법은 (오른쪽, 왼쪽)으로 ☐칸씩 이동하여 읽는 것입니다.

따라서 I → ☐, L → ☐, K → ☐, A → ☐, L → ☐, K → ☐으로 해독할 수 있으므로 ILKALK가 나타내는 도시는 ☐입니다.

개념학습

숫자 암호

숫자 암호는 다른 사람들이 알아보지 못하도록 도형이나 문자를 숫자로 바꾸는 방법을 사용하는 암호입니다.

㉮ 한글을 자음과 모음으로 나누어 암호화하기

ㄱ	ㄴ	ㄷ	ㄹ	ㅁ	ㅂ	ㅅ	ㅇ	ㅈ	ㅊ	ㅋ	ㅌ	ㅍ	ㅎ
1	2	3	4	5	6	7	8	9	10	11	12	13	14

ㅏ	ㅑ	ㅓ	ㅕ	ㅗ	ㅛ	ㅜ	ㅠ	ㅡ	ㅣ
①	②	③	④	⑤	⑥	⑦	⑧	⑨	⑩

수학 ➡ 7⑦14①1, 국사 ➡ 1⑦17①, 영어 ➡ 8④88③

예제 어떤 암호 규칙에 의하여 숫자를 해독하면 다음과 같습니다. 195152112를 해독하여 나오는 도시 이름을 영어로 쓰시오.

16118919 ➡ PARIS

강의노트

① 알파벳을 숫자로 바꾸면 다음과 같습니다.

A	B	C	D	E	F	G	H	I	J	K	L	M
1	2	3	4	5	6	7	8	9	10	11	12	13
N	O	P	Q	R	S	T	U	V	W	X	Y	Z
14	15	16	17	18	19	20	21	22	23	24	25	26

② ①의 표에서 16은 P, 1은 ☐, 18은 ☐, 9는 ☐, 19는 ☐를 나타내므로 16118919를 해독하면 PARIS입니다.

③ 따라서 19 → ☐, 5 → ☐, 15 → ☐, 21 → ☐, 12 → ☐이므로 195152112가 나타내는 도시는 ☐입니다.

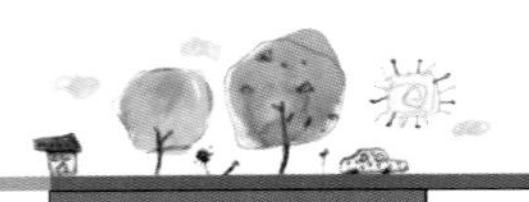

유형 12-1 도형 암호

|보기|는 암호를 풀 수 있는 열쇠를 보고 2개의 암호를 해독한 것입니다.

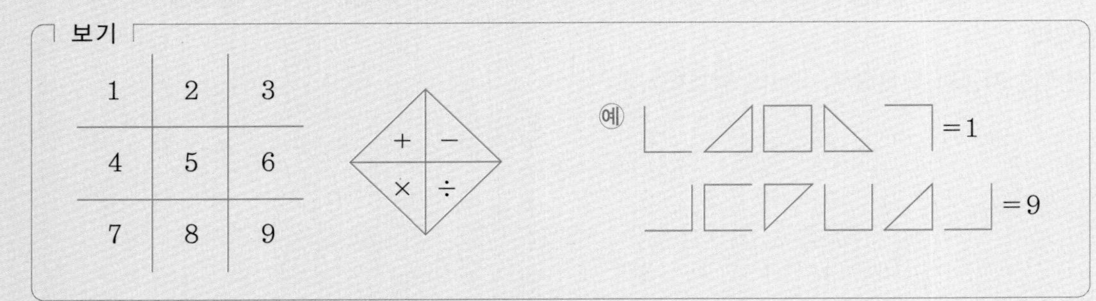

다음 암호를 해독하시오.

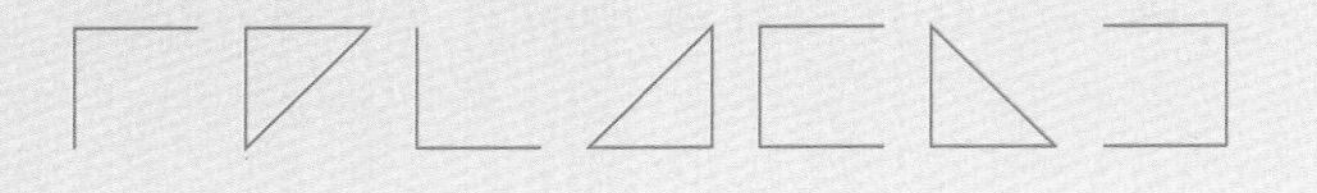

1 1 2 3 / 4 5 6 / 7 8 9 에서 ⌞ 는 3을, (+ − × ÷) 에서 ◺ 는 +를 나타냅니다. 다음 표에 알맞게 써넣어, |보기|의 암호를 해독하시오.

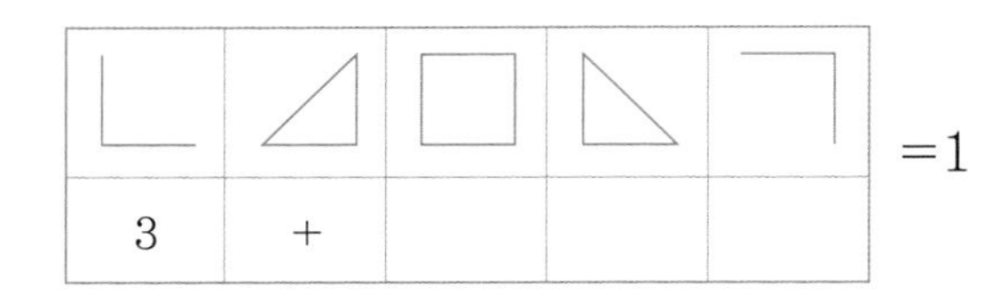

⌞	◺	□	◸	⌝
3	+			

=1

2 암호 ⌈ ◸ ⌞ ◺ ⊏ ◣ ⊐ 를 해독하여 답을 구하시오.

3 다음의 암호를 해독하여 답을 구하시오.

⊓ ◣ ⊔ ◹ ⌞ ◺ □

확인문제

1 다음은 보물이 들어 있는 금고의 여섯 자리 수 비밀번호입니다. 암호 해독을 완성하시오.

ㄱㄴ	ㄱㅇ	ㅇㅇ	ㅇㅁ	ㄷㄱ	ㅌㅁ
2	1	0			8

Key Point

ㄱㅇ 에는 직각이 1개 있습니다.

2 자음과 모음이 일부만 쓰여 있는 전화기 버튼을 눌러서 다음과 같은 단서를 얻었습니다. 주어진 암호를 해독하시오.

단서

60# 5#04 70∗5

➡ 보물섬

1 ㄱ	2	3
4 ㄹ	5	6
7	8	9 ㅈ
∗ ㅣ	0 ·	# ㅡ

90∗2 60#7 3∗0∗

모음은 다음과 같이 해독할 수 있습니다.

0# → ᆢ → ㅗ

#0 → ㅡ· → ㅜ

0∗ → ·ㅣ → ㅓ

유형 12-2 곱 암호

다음 표를 보고 FACTO를 암호로 나타내면 (1, 2), (1, 1), (3, 1), (5, 4), (5, 3)입니다. 이 규칙에 따라 JUICE를 암호로 나타내시오.

×	1	2	3	4	5
1	A	F	K	P	U
2	B	G	L	Q	V
3	C	H	M	R	W
4	D	I	N	S	X
5	E	J	O	T	Y

1 암호 해독표에서 F는 가로로 1행, 세로로 2열에 있습니다. 이것을 (1, 2)로 나타냅니다. A, C, T, O를 숫자의 쌍으로 나타내어 보시오.

×	1	2	3
1		F	
2			

2 JUICE를 암호로 나타내시오.

3 암호 (2, 1), (4, 2), (3, 4), (5, 4), (3, 2), (4, 1), (1, 1), (5, 5)를 해독하시오.

확인문제

1 |보기|를 보고, 암호 해독표를 완성하시오.

보기

ANGEL

⬇

(1, 1), (4, 3),

(4, 2), (5, 1), (2, 3)

〈암호 해독표〉

×	1	2	3	4	5
1	A				
2			L		
3					
4		G	N		
5	E				

Key Point

ANGEL을 알파벳의 순서대로 써 보면 A, E, G, L, N입니다. 나머지 빈칸도 알파벳 순서대로 이어지도록 알파벳을 써 넣습니다.

2 (2, 3), (1, 5), (3, 2), (4, 1)은 HELP를 나타내는 암호입니다. 다음을 해독하시오.

(2, 1), (4, 3), (2, 4), (1, 5), (3, 4), (1, 4)

HELP를 곱 암호표로 나타내어 봅니다.

창의사고력 다지기

1 다음과 같이 암호문을 작성하였습니다. 연필을 암호로 나타내시오.

수영 ➡ 7 ⑦ 8 ④ 8
사랑 ➡ 7 ① 4 ① 8
야구 ➡ 8 ② 1 ⑦
고인돌 ➡ 1 ⑤ 8 ⑩ 2 3 ⑤ 4

2 다음의 암호 만드는 방법을 보고, 주어진 암호를 해독하시오.

〈암호 만드는 방법〉
R▷ P◁ L▽ H◁ ➡ SONG
K▷ J◁ Q△ P△ ➡ LION

A▷ P◁ M▽ M△

3 다음 |보기|는 암호 열쇠를 이용하여 암호를 해독한 것입니다.

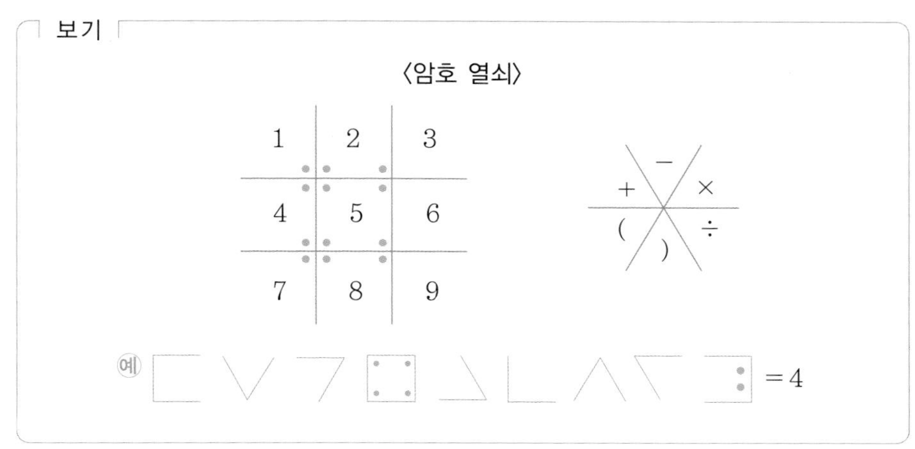

다음 암호를 해독하여 답을 구하시오.

4 다음은 어떤 규칙에 따라 암호를 해독한 것입니다.

(다, 가), (다, 마), (라, 다), (가, 마), (가, 가) ➡ KOREA
(나, 마), (가, 가), (라, 가), (가, 가), (다, 라) ➡ JAPAN

(나, 가), (라, 다), (가, 가), (다, 라), (가, 다), (가, 마)를 해독하시오.

Memo

V 측정

13 단위넓이

14 합동을 이용한 도형의 넓이

15 도형의 둘레와 넓이

측정

13 단위넓이

개념학습 단위넓이

색칠된 부분의 넓이가 1일 때, 도형의 넓이는 각각 다음과 같습니다.

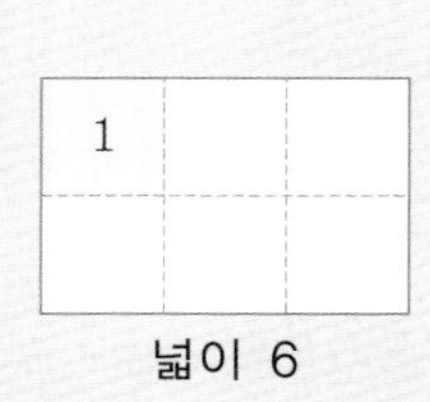

넓이 6

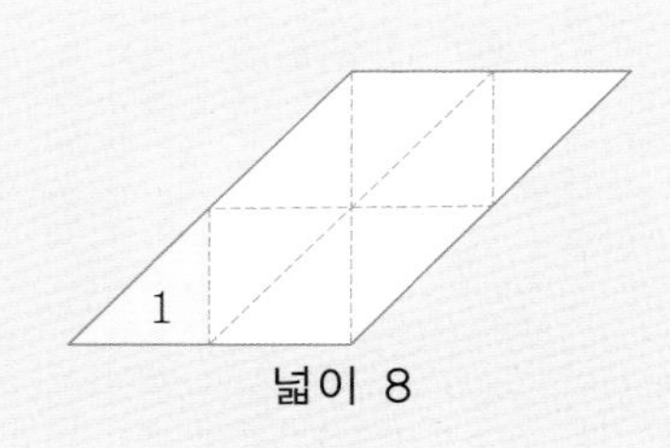

넓이 8

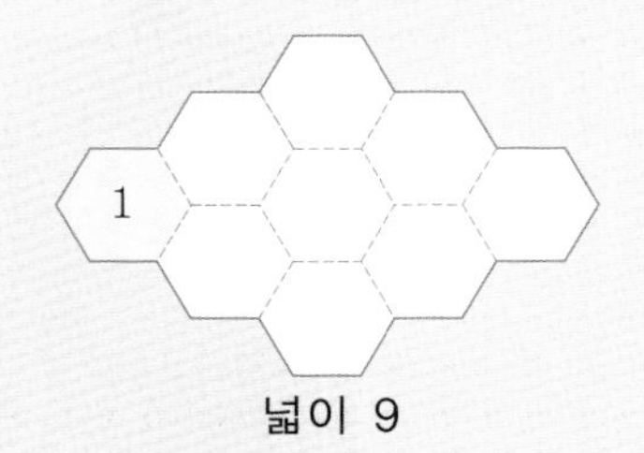

넓이 9

이처럼 도형의 넓이는 넓이를 알 수 있는 최소 단위의 모양으로 도형을 쪼개어 구할 수 있습니다.
이와 같이 넓이를 잴 때 기준이 되는 넓이를 단위넓이라고 합니다.

예제 오른쪽 정삼각형 ㄱㄴㄷ의 넓이가 100일 때, 정삼각형 ㄹㅁㅂ의 넓이는 얼마입니까?

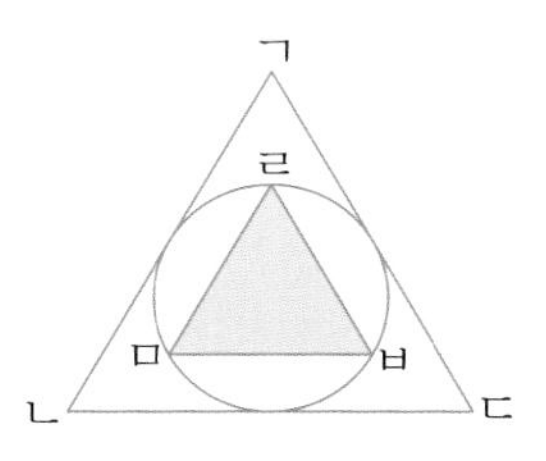

강의노트

① 정삼각형 ㄹㅁㅂ을 시계 방향으로 60° 회전시키면 정삼각형 ㄱㄴㄷ의 넓이는 정삼각형 ㄹㅁㅂ의 넓이의 ☐배가 됩니다.

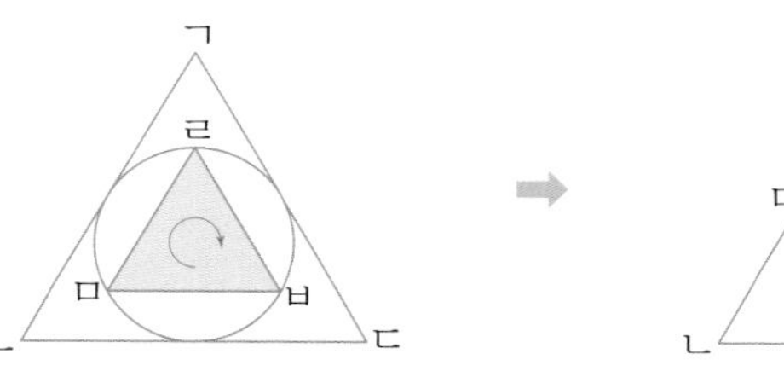

② 정삼각형 ㄱㄴㄷ의 넓이가 100이므로 정삼각형 ㄹㅁㅂ의 넓이는 100÷☐=☐입니다.

유제 정사각형 ㅁㅂㅅㅇ의 넓이가 80일 때, 정사각형 ㄱㄴㄷㄹ의 넓이는 얼마입니까?

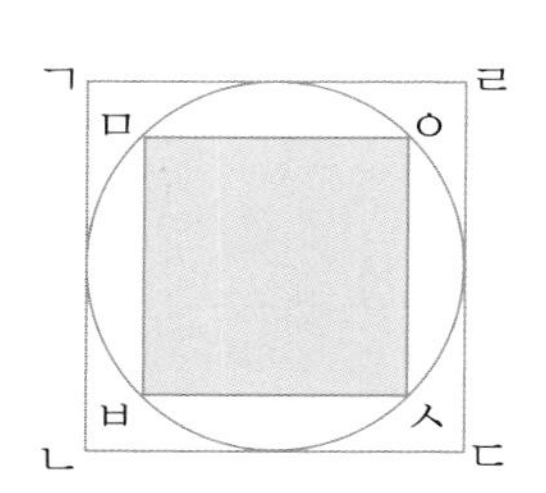

개념학습

점을 이어 만든 도형

점판 위의 점을 이어 만든 도형의 넓이를 구하는 방법은 다음과 같이 여러 가지가 있습니다.

①

밑변의 길이와 높이를 찾아 구합니다.

➡ 넓이: 1×2÷2=1

②

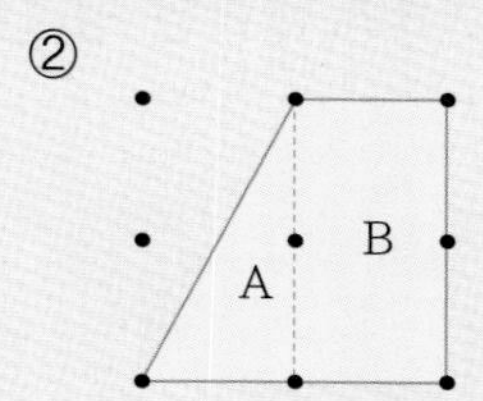

도형을 잘라 각각의 도형의 넓이를 구한 후, 더합니다.

➡ 넓이: A+B=3

③

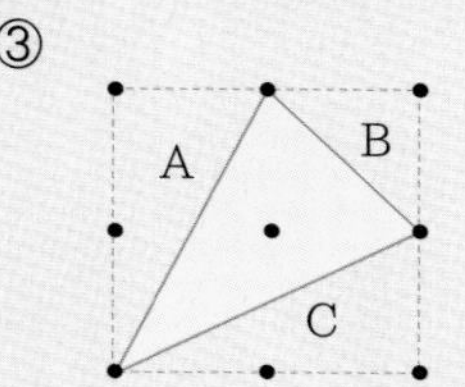

전체 사각형의 넓이에서 나머지 부분의 넓이를 빼 줍니다.

➡ 넓이: $4-(A+B+C)=1\frac{1}{2}$

예제 다음은 점판 위의 점을 이어 만든 도형입니다. 점판의 점 사이 가로, 세로의 간격이 모두 1cm일 때, 도형 (가), (나)의 넓이를 각각 구하시오.

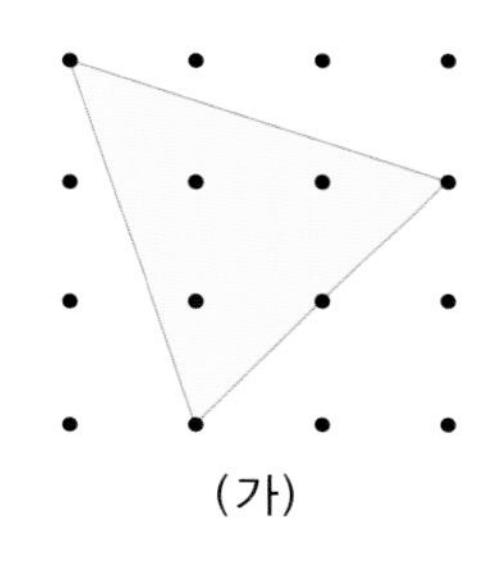
(가)

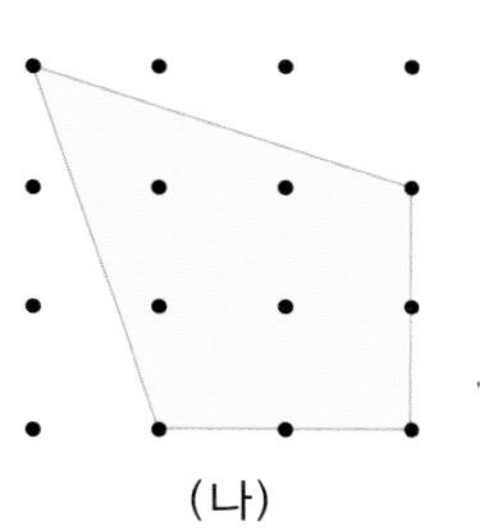
(나)

강의노트

① 도형 (가)의 넓이는 전체 사각형의 넓이에서 색칠되지 않은 삼각형 ㉠, ㉡, ㉢ 3개의 넓이를 빼 주면 됩니다.

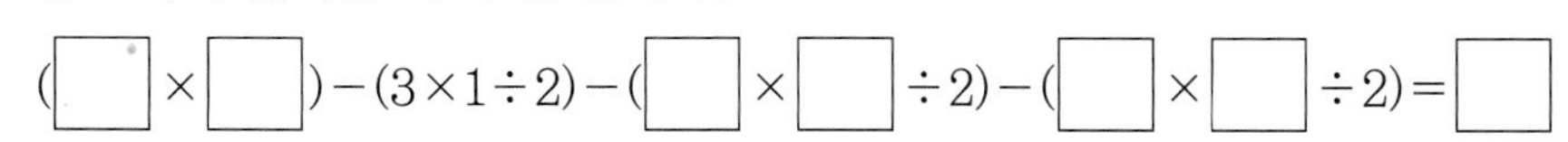
(□×□)−(3×1÷2)−(□×□÷2)−(□×□÷2)=□

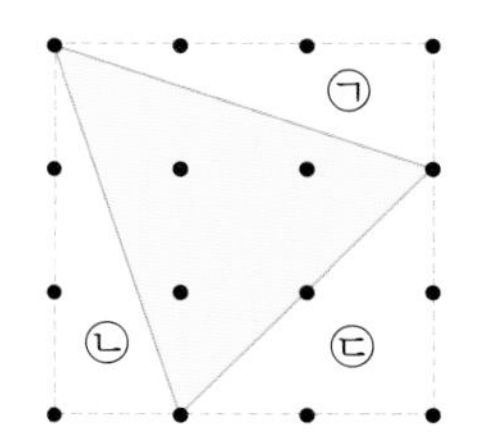

② 도형 (나)의 넓이는 구할 수 있는 2개의 삼각형으로 나누어 구합니다.

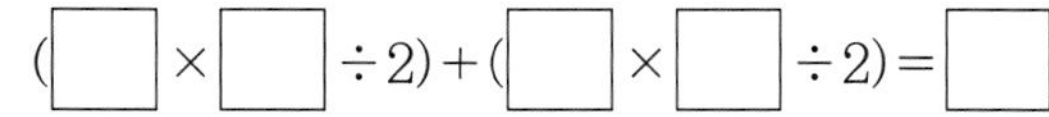
(□×□÷2)+(□×□÷2)=□

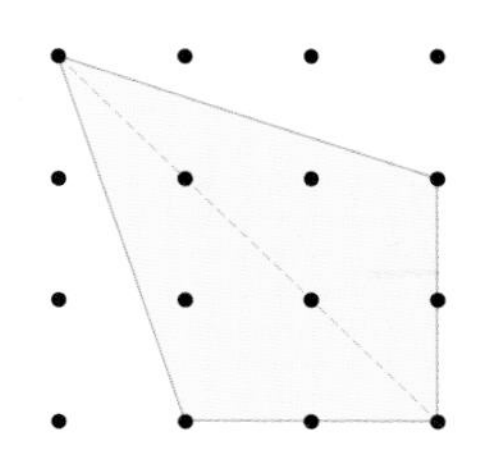

③ 따라서 도형 (가)의 넓이는 □, 도형 (나)의 넓이는 □입니다.

유형 13-1 직각이등변삼각형 안의 정사각형

삼각형 (가), (나)는 크기가 같은 직각이등변삼각형입니다. 삼각형 (가)의 색칠된 정사각형의 넓이가 27일 때, 삼각형 (나)의 색칠된 정사각형의 넓이는 얼마입니까?

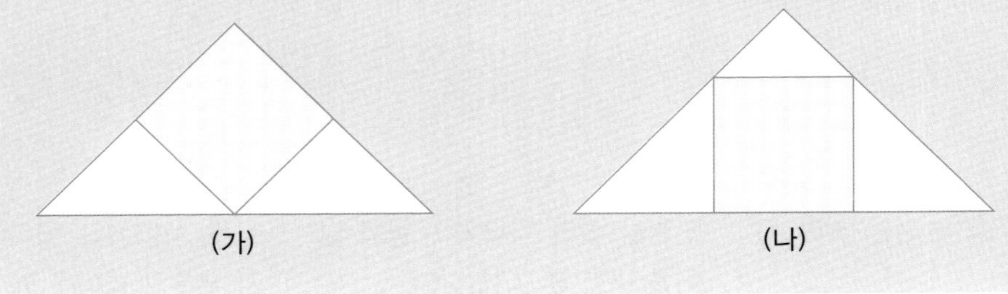

(가) (나)

1 삼각형 (가)에 그림과 같이 점선을 그어 크기와 모양이 같은 삼각형 4개로 나누었습니다. 삼각형 (가)의 넓이는 얼마입니까?

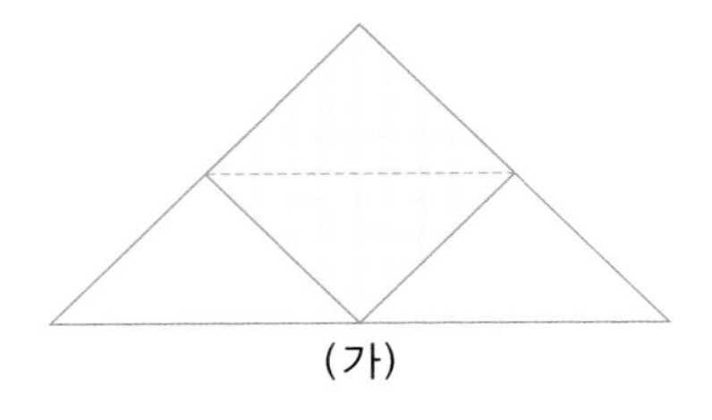

(가)

2 삼각형 (나)를 크기와 모양이 같은 삼각형 9개로 나누고, 색칠된 정사각형의 넓이를 구하시오.

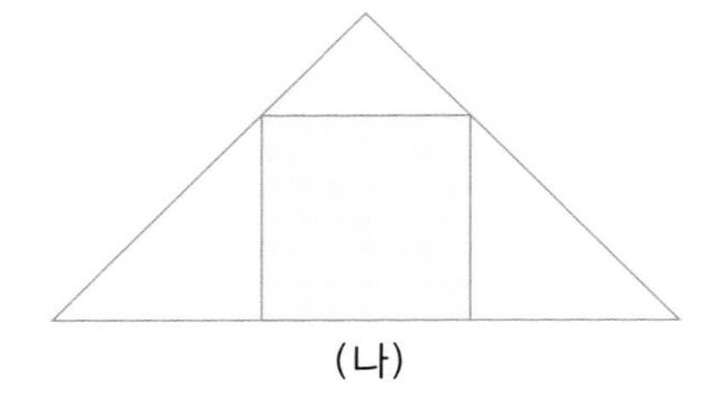

(나)

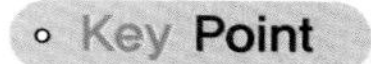

Key Point

1 그림과 같이 큰 정육각형의 6개의 변의 가운데에 점을 찍어 작은 정육각형의 꼭짓점이 오도록 그렸습니다. 큰 정육각형의 넓이가 24일 때, 색칠된 부분의 넓이는 얼마입니까?

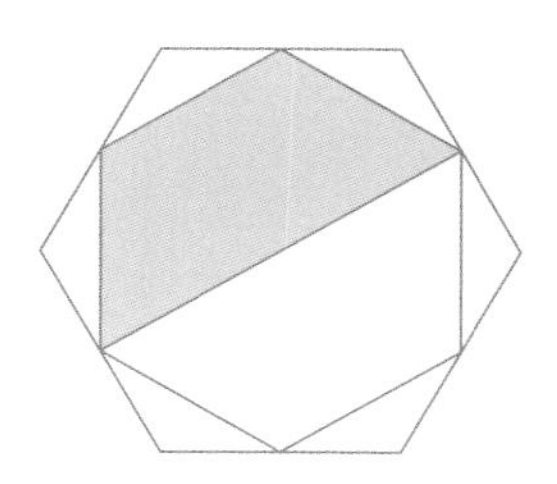

큰 정육각형을 작은 삼각형으로 나누어 봅니다.

2 다음은 두 정사각형의 네 꼭짓점 또는 네 변이 원의 안과 밖에서 각각 원과 만나도록 그린 것입니다. 작은 정사각형의 넓이가 25일 때, 색칠된 부분의 넓이는 얼마입니까?

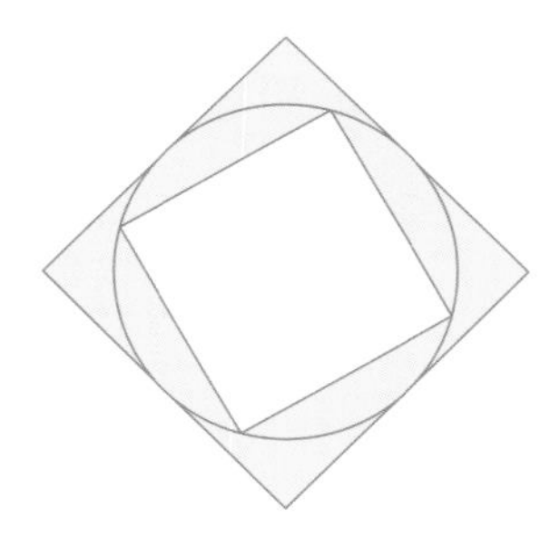

작은 정사각형을 돌려 봅니다.

유형 13-2 넓이가 같은 삼각형

가로, 세로의 간격이 1cm로 일정한 점판 위에 선분 하나가 그어져 있습니다. 주어진 선분을 한 변으로 하는 넓이가 $3cm^2$인 서로 다른 모양의 삼각형을 모두 그리시오. (단, 돌리거나 뒤집었을 때 같은 것은 한 가지로 생각합니다.)

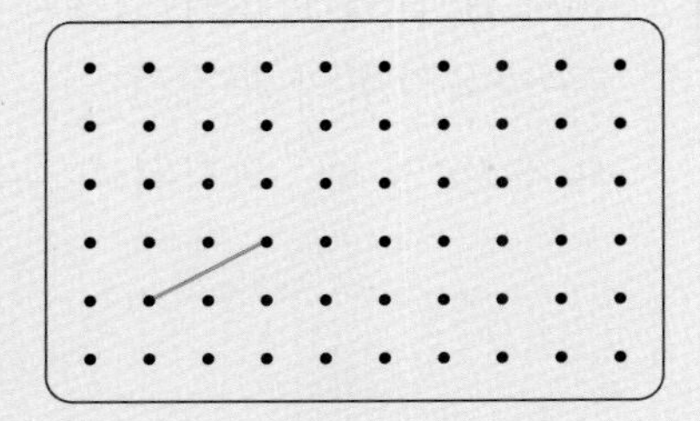

1 밑변의 길이와 높이가 각각 3cm, 2cm일 때 $3\times2\div2=3(cm^2)$으로 넓이가 $3cm^2$인 삼각형을 만들 수 있습니다. 주어진 변을 포함하고 밑변의 길이와 높이가 각각 3cm, 2cm인 서로 다른 모양의 삼각형을 모두 그리시오.

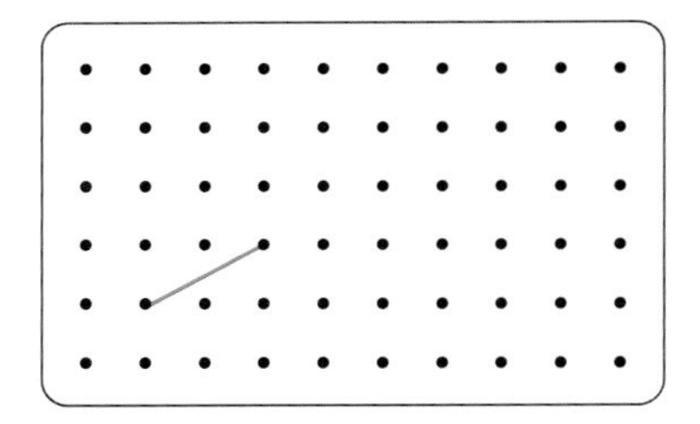
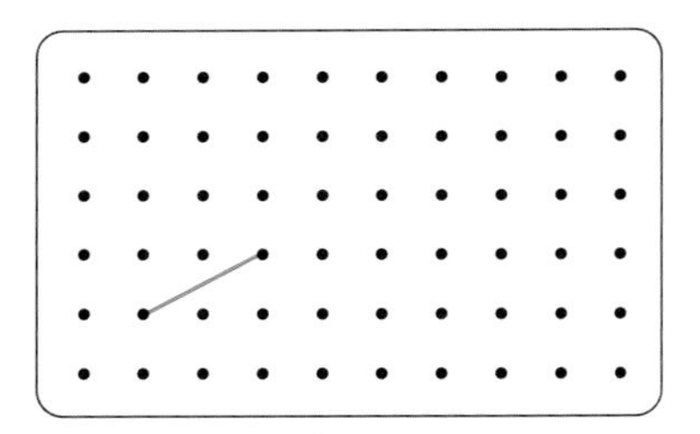

2 밑변의 길이와 높이가 각각 6cm, 1cm일 때 $6\times1\div2=3(cm^2)$으로 넓이가 $3cm^2$인 삼각형을 만들 수 있습니다. 주어진 변을 포함하고 밑변의 길이와 높이가 6cm, 1cm인 서로 다른 모양의 삼각형을 모두 그리시오.

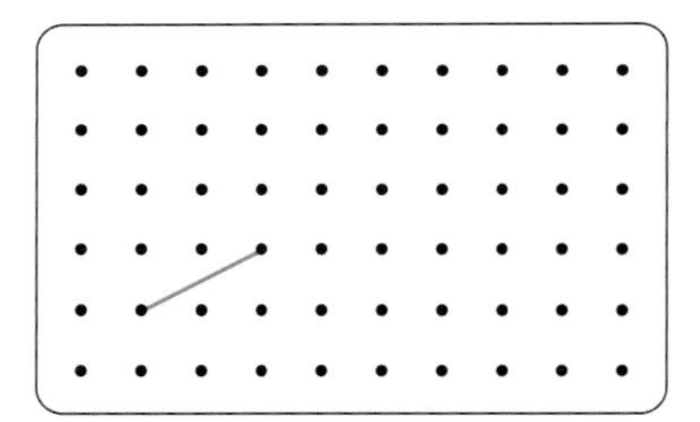
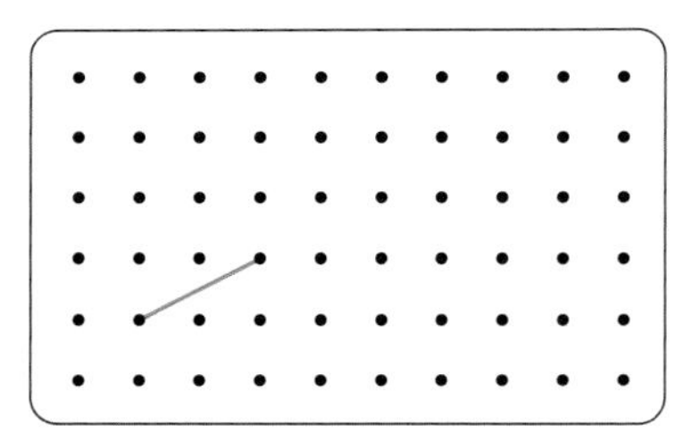

3 넓이가 $8cm^2$인 사각형에서 삼각형 3개를 빼어, 남은 하나의 삼각형의 넓이가 $3cm^2$가 되도록 주어진 변을 포함하여 그리시오.

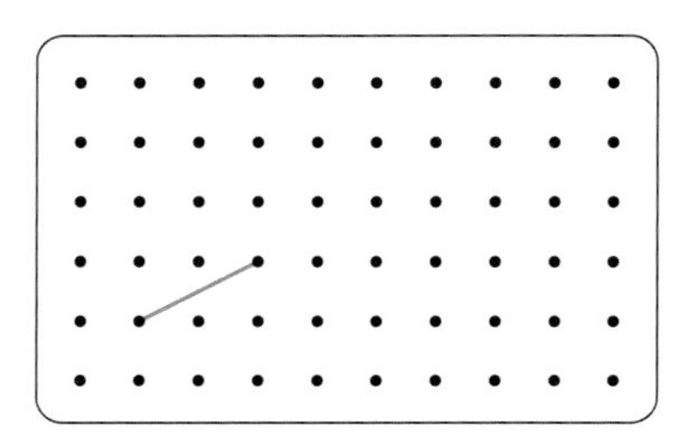

확인문제

Key Point

1 한 변의 길이가 1인 모눈종이를 다음과 같이 잘랐습니다. 잘린 도형의 넓이는 얼마입니까?

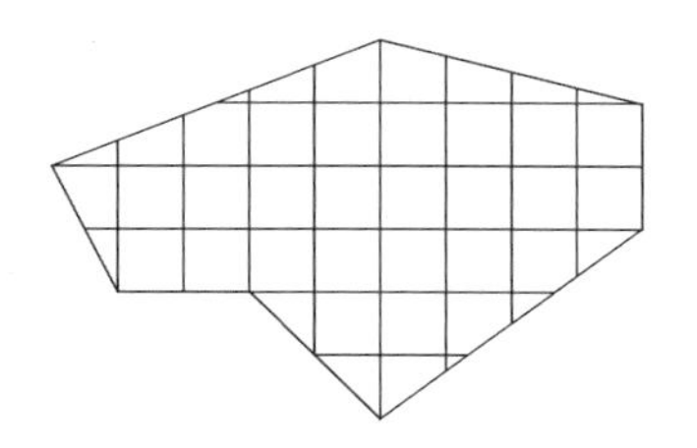

잘린 도형의 넓이를 알 수 있는 여러 가지 도형으로 나누어 봅니다.

2 가로, 세로의 간격이 1cm로 일정한 점판 위에 다음과 같은 도형을 그렸습니다. 색칠된 도형의 넓이는 몇 cm^2입니까?

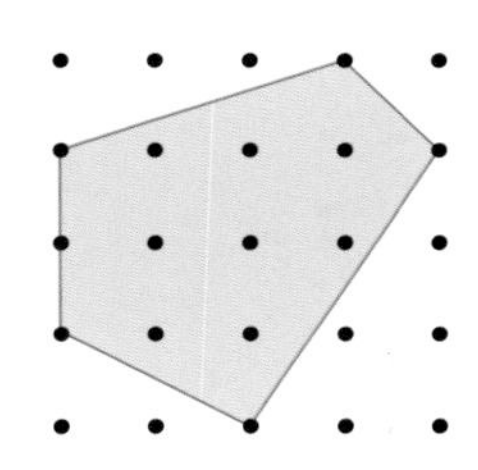

전체 정사각형의 넓이에서 색칠되지 않은 삼각형 4개의 넓이를 빼 줍니다.

창의사고력 다지기

1 그림과 같이 정삼각형 3개와 원 2개를 그렸습니다. 색칠된 부분의 넓이가 36일 때, 가장 작은 정삼각형의 넓이는 얼마입니까?

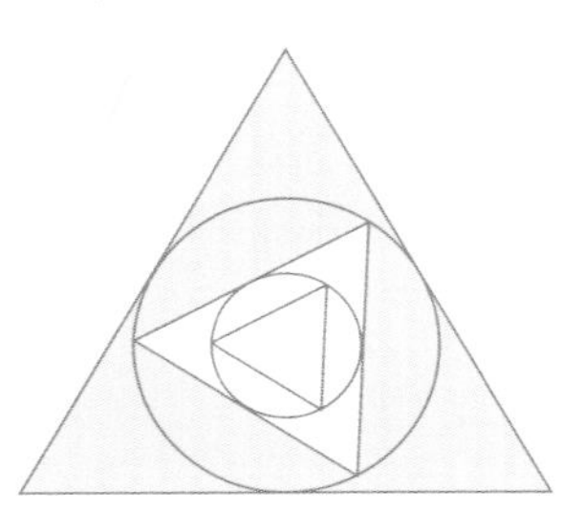

2 다음은 가로, 세로의 간격이 1로 일정한 점판 위에 그린 그림입니다. 넓이가 같은 것을 모두 고르시오.

㉠ 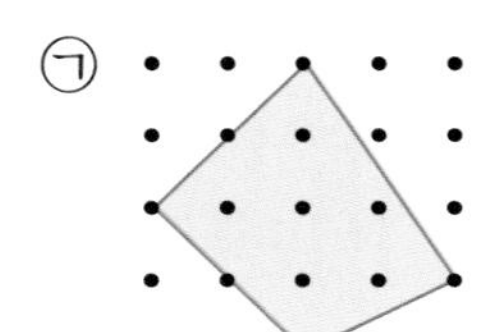

㉡ 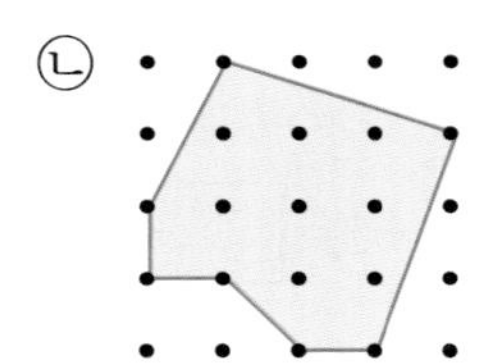

㉢ 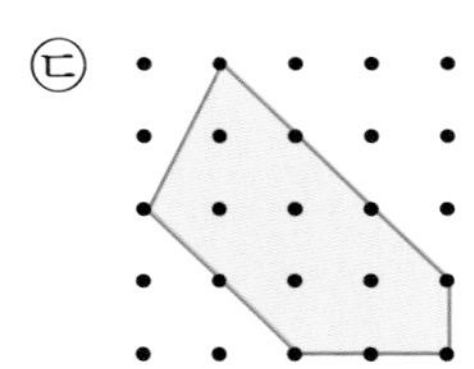

㉣ 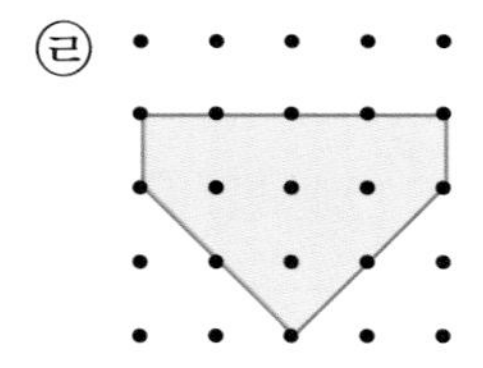

㉤ 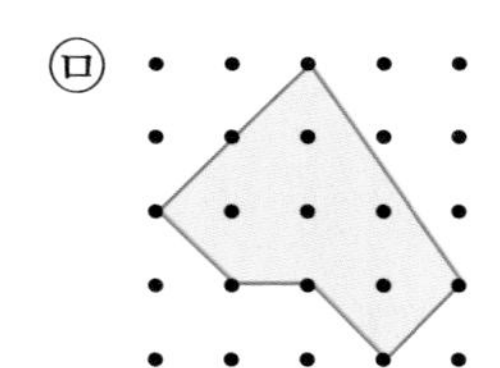

㉥ 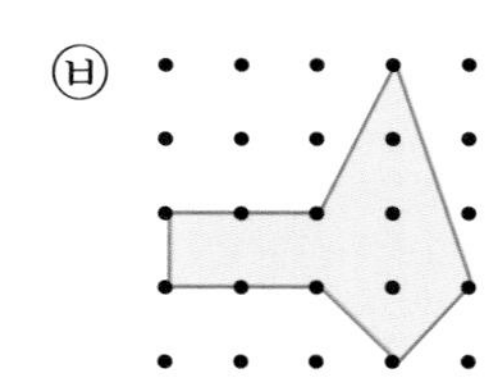

3 정사각형의 네 변을 3등분한 점을 이어 다음과 같이 선을 긋고 각각 색칠하였습니다. 가의 색칠된 부분의 넓이가 12일 때, 나의 색칠된 부분의 넓이는 얼마입니까?

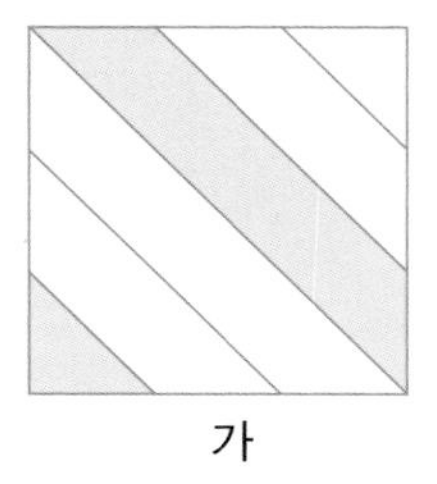
가

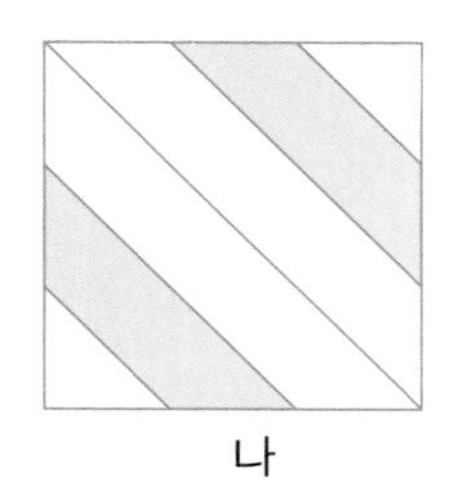
나

4 삼각형 ㄱㄴㄷ의 변 ㄱㄷ을 2배로 늘리고, 변 ㄴㄷ을 3배로 늘려 삼각형 ㄱㄹㅁ을 만들었습니다. 삼각형 ㄱㄴㄷ의 넓이가 10cm²일 때, 삼각형 ㄱㄹㅁ의 넓이는 얼마입니까?

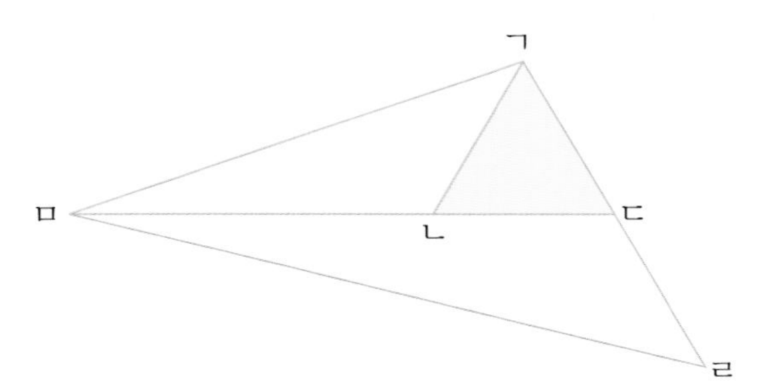

14 합동을 이용한 도형의 넓이

개념학습 **겹쳐진 도형의 넓이**

정사각형 모양의 크기가 같은 색종이 두 장을 그림과 같이 색종이의 중심에 꼭짓점이 오도록 겹쳤을 때, 겹쳐진 부분의 넓이는 모두 색종이 한 장의 넓이의 $\frac{1}{4}$이 됩니다.

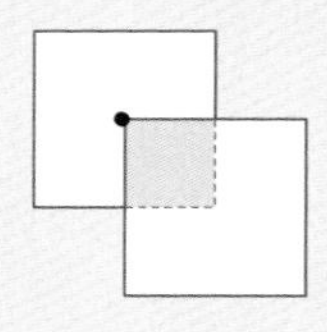
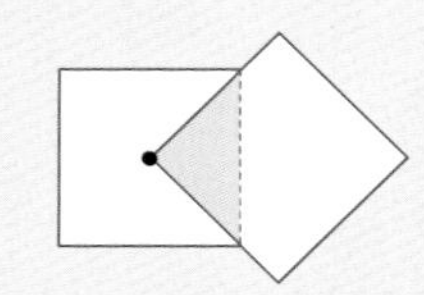
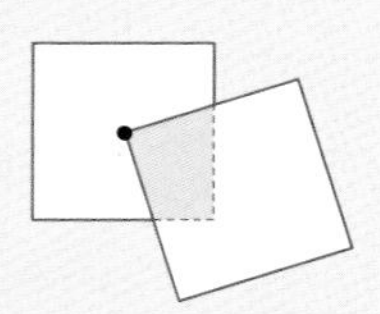

예제 다음은 정사각형 모양의 크기가 같은 색종이 두 장을 색종이의 중심에 꼭짓점이 오도록 겹친 것입니다. 겹쳐진 부분의 넓이가 색종이 한 장의 넓이의 $\frac{1}{4}$이 되는 이유를 합동을 이용하여 설명하시오.

가
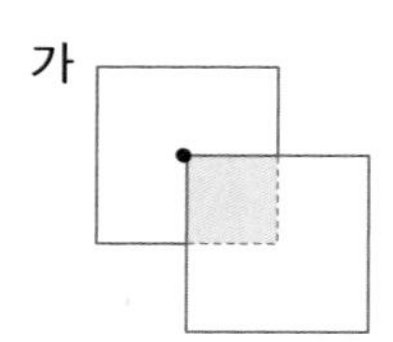
나
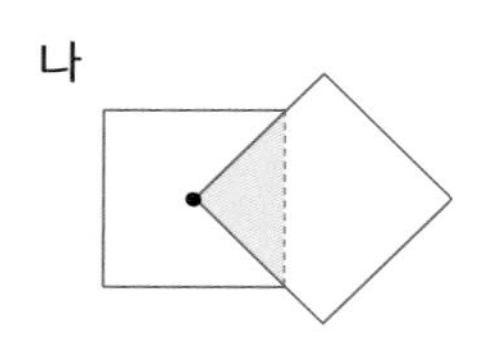
다
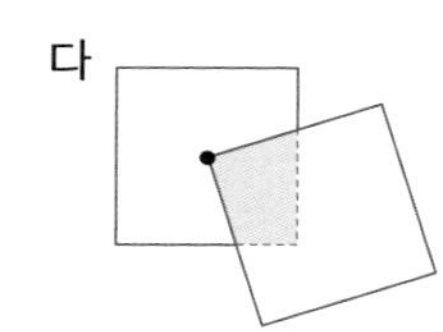

강의노트

① 가, 나에서 색종이 한 장은 겹쳐진 부분과 합동인 4개의 도형으로 나누어지므로 색종이 한 장의 넓이의 ☐입니다.

가
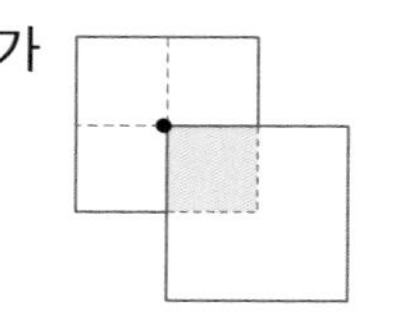
나
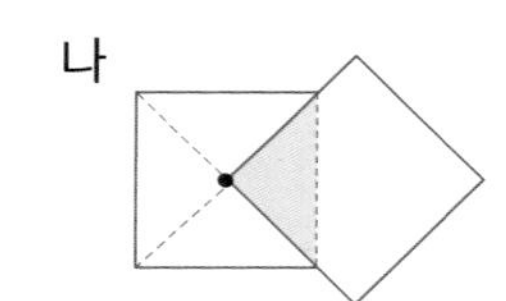

② 다의 색종이의 중심에서 변까지 수직으로 선분을 그으면 오른쪽 그림과 같이 삼각형 ㄱㅇㄹ과 삼각형 ㄷㅇㄴ이 만들어집니다.
두 삼각형에서

- 변 ㅇㄹ과 변 ㅇㄴ은 정사각형의 한 변의 길이의 ☐로 길이가 서로 같습니다.
- 각 ㄱㄹㅇ과 각 ㄷㄴㅇ의 크기는 ☐으로 서로 같습니다.
- 각 ㄱㅇㄹ과 각 ㄷㅇㄴ의 크기는 (☐ $-$ ★)°로 서로 같습니다.

따라서 삼각형 ㄱㅇㄹ과 삼각형 ㄷㅇㄴ은 ☐의 길이와 ☐의 크기가 같은 합동인 삼각형입니다.

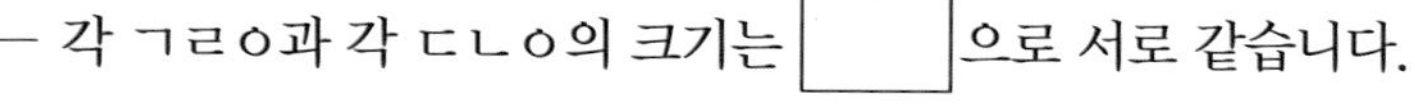

③ 삼각형 ㄱㅇㄹ을 삼각형 ㄷㅇㄴ으로 옮기면 겹쳐진 부분의 넓이는 색종이 한 장의 넓이의 ☐이 됩니다.

개념학습 평행사변형의 이등분

평행사변형의 중심을 지나는 직선은 항상 평행사변형의 넓이를 이등분합니다.

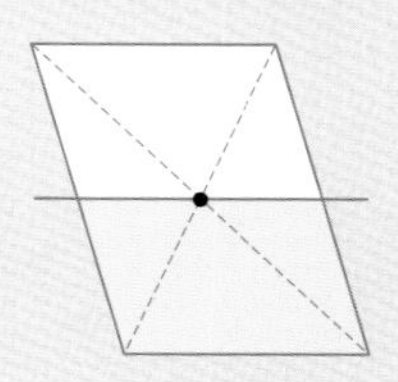
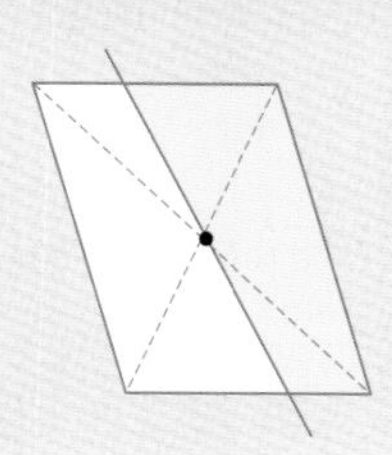
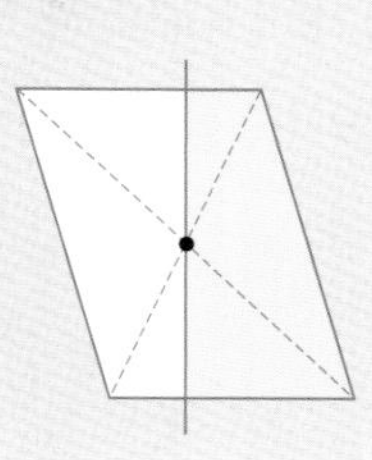

예제 다음 그림과 같이 평행사변형의 중심을 지나는 직선을 그으면 그 직선은 항상 평행사변형의 넓이를 이등분합니다. 그 이유를 설명하시오.

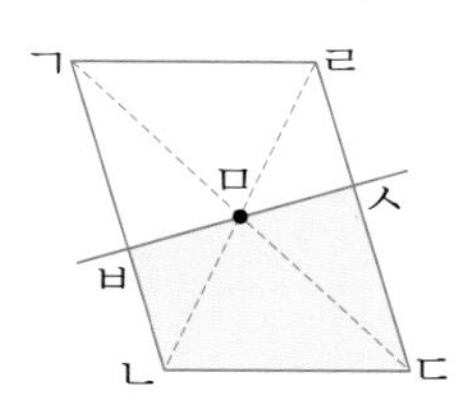

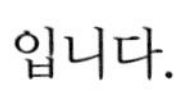

① 평행사변형의 한 대각선은 다른 대각선을 이등분하므로 선분 ㄴㅁ과 선분 ㄹㅁ의 길이가 같습니다. 삼각형 ㅁㄴㅂ과 삼각형 ㅁㄹㅅ에서 각 ㅂㅁㄴ과 각 ㅅㅁㄹ은 마주 보는 각으로 크기가 같고, 각 ㅁㄴㅂ과 각 ㅁㄹㅅ은 서로 엇갈린 위치에 있으므로 크기가 같습니다.
따라서 삼각형 ☐ 과 삼각형 ☐ 은 한 변의 길이와 양 끝각의 크기가 같은 합동인 삼각형입니다.

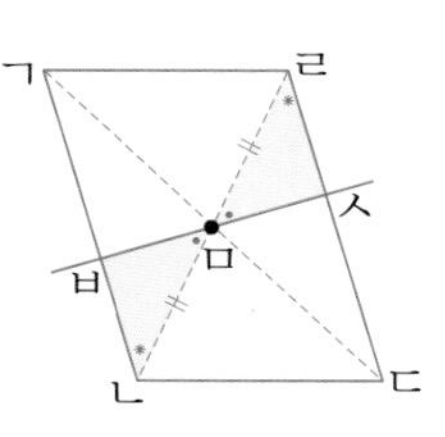

② ①과 같은 방법으로 알아보면 삼각형 ㄱㅂㅁ과 삼각형 ㄷㅅㅁ, 삼각형 ㄱㅁㄹ과 삼각형 ㄷㅁㄴ은 각각 서로 ☐ 인 삼각형입니다.

③ (삼각형 ㄱㅂㅁ)+(삼각형 ㄱㅁㄹ)+(삼각형 ㅁㄹㅅ)
=(삼각형 ㄷㅅㅁ)+(삼각형 ㄷㅁㄴ)+(삼각형 ㅁㄴㅂ)
따라서 평행사변형의 ☐ 을 지나는 직선은 항상 평행사변형의 넓이를 이등분합니다.

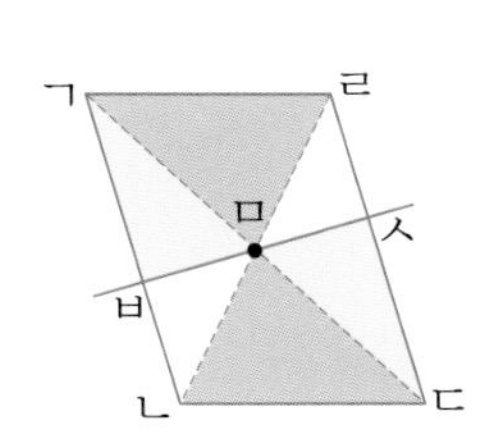

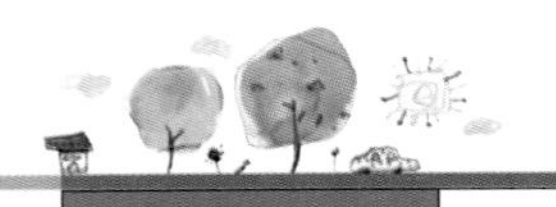

유형 14-1 겹쳐진 정사각형

크기가 같은 정사각형 모양의 색종이 3장을 다음과 같이 겹쳐 놓았습니다. 색종이의 한 변의 길이가 4cm일 때, 겹쳐진 부분 ㉠, ㉡의 넓이의 합을 구하시오. (단, 점 ㅇ은 각 색종이의 중심입니다.)

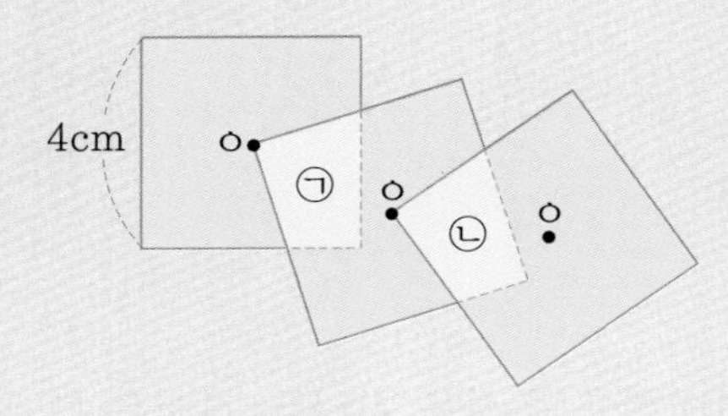

1 겹쳐진 부분 ㉠, ㉡의 넓이는 각각 색종이 한 장 넓이의 몇 분의 몇입니까?

2 색종이의 한 변의 길이가 4cm일 때, 겹쳐진 부분 ㉠, ㉡의 넓이의 합을 구하시오.

3 같은 방법으로 색종이 5장을 겹쳐 놓았습니다. 겹쳐진 부분의 넓이의 합을 구하시오.

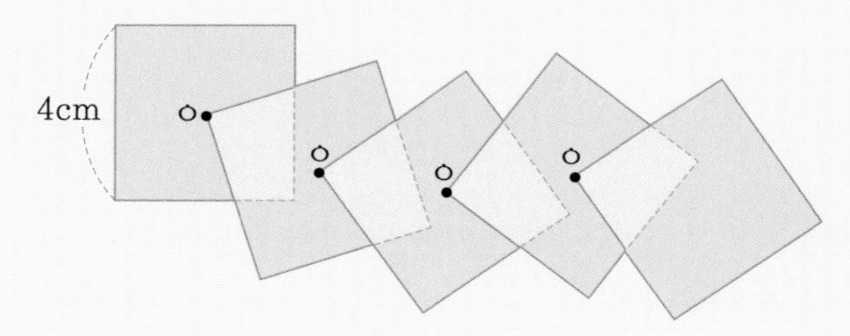

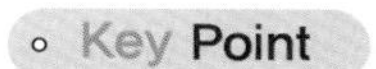

확인문제

Key Point

1 넓이가 30cm²인 정육각형 2개를 그림과 같이 중심과 꼭짓점이 만나도록 겹쳐 놓았습니다. 겹쳐진 부분의 넓이는 몇 cm² 입니까?

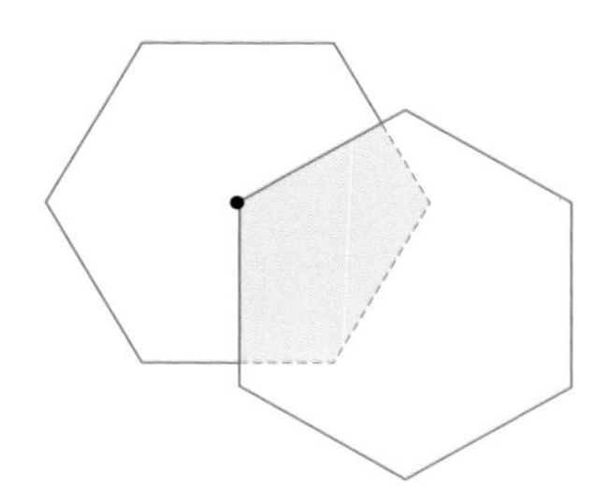

도형을 잘라서 합동인 두 개의 삼각형을 찾아봅니다.

2 그림과 같이 면의 가로가 10cm, 세로가 7cm인 직사각형 모양의 벽돌로 이루어진 벽에 그림과 같은 모양의 현수막이 걸려 있습니다. 현수막의 넓이는 몇 cm²입니까?

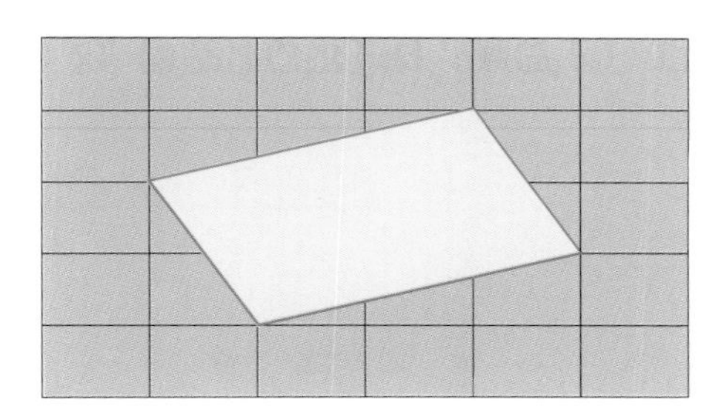

합동인 도형을 찾아 색칠한 부분의 위치를 옮겨 봅니다.

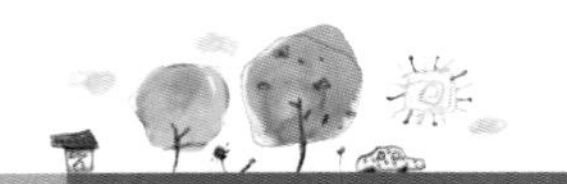

유형 14-2 넓이의 이등분

다음 도형에 한 개의 직선을 그어 서로 다른 3가지 방법으로 넓이를 이등분하시오.

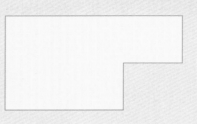

1 평행사변형의 중심을 지나는 직선은 항상 평행사변형의 넓이를 이등분합니다. 다음 도형을 서로 다른 방법으로 두 개의 직사각형으로 나누어 보시오.

2 **1**에서 나눈 두 개의 직사각형의 중심을 찾아 두 점을 이으시오.

3 다음 도형은 하나의 평행사변형 안에 또 다른 평행사변형이 들어가 있는 모양으로 생각할 수 있습니다. 평행사변형의 중심을 지나는 직선은 항상 평행사변형의 넓이를 이등분한다는 사실을 이용하여 도형의 넓이를 이등분하는 직선을 그어 보시오.

확인문제

1 다음은 똑같은 정사각형 조각 4개를 이용하여 만든 도형입니다. 점 A를 지나면서 이 도형의 넓이를 이등분하는 직선 하나를 그어 보시오.

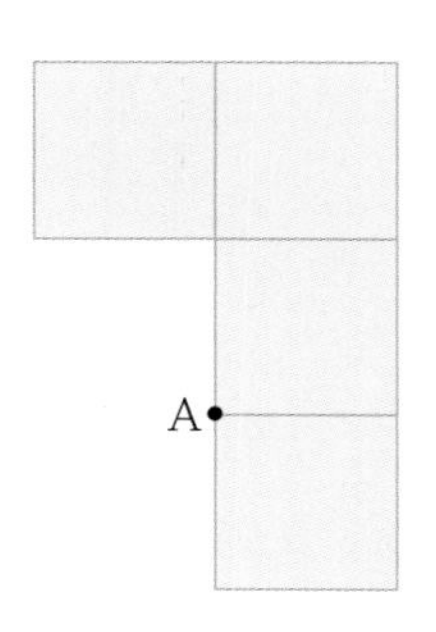

Key Point

점 A를 지나는 직선으로 나눌 때 색칠한 칸은 서로 반대쪽에 들어가게 됩니다.

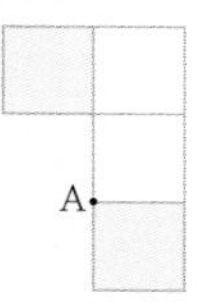

2 다음 삼각형의 넓이를 서로 다른 3가지 방법으로 이등분하시오.

밑변의 길이가 같고, 높이가 같은 두 삼각형은 넓이가 같습니다.

창의사고력 다지기

1 다음은 서로 다른 정사각형 2개를 붙여 만든 도형입니다. 가의 색칠된 부분과 넓이가 같은 부분이 만들어지도록 나에 직선을 1개 그어 보시오.

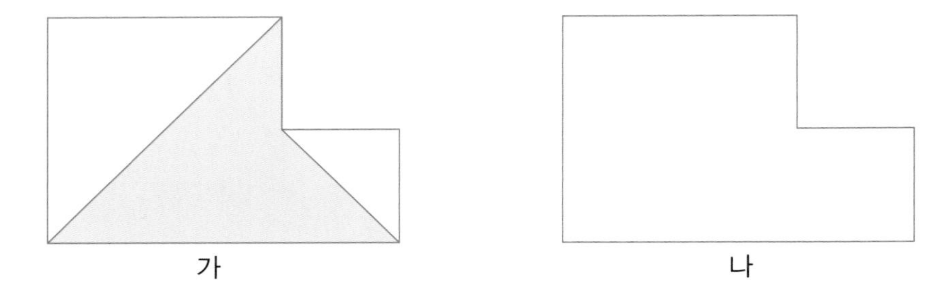

2 다음 그림은 평행사변형 모양의 흰 종이 위에 크기가 다른 4개의 평행사변형으로 이루어진 바람개비 모양의 노란 종이를 올려 놓은 것입니다. 흰색 평행사변형의 넓이가 100cm²라고 할 때, 바람개비의 넓이는 몇 cm²입니까?

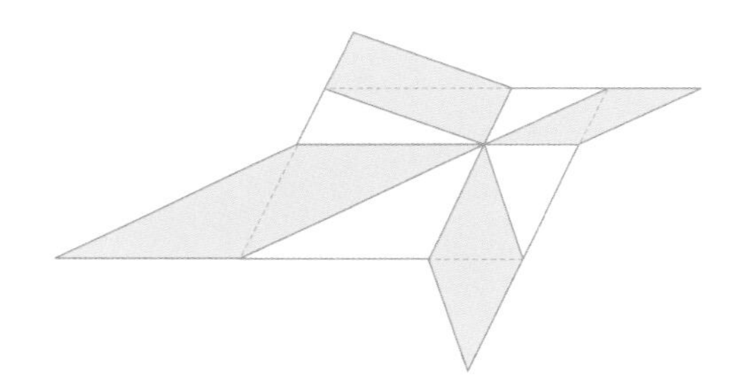

3 다음은 크기와 모양이 같은 직사각형 6개를 이어 붙인 도형입니다. 점 A를 지나면서 이 도형의 넓이를 이등분하는 직선 하나를 그어 보시오.

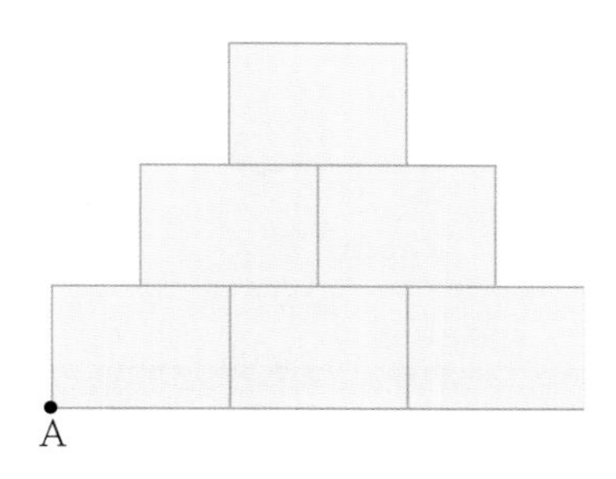

4 다음은 한 변의 길이가 12cm인 큰 정사각형의 네 변의 중점에 각각 한 변의 길이가 6cm인 작은 정사각형의 중심을 맞추어 놓은 것입니다. 색칠한 부분의 넓이는 몇 cm^2입니까?

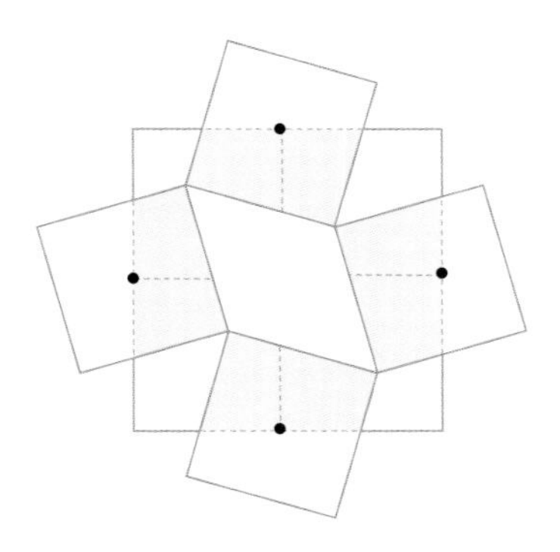

15 도형의 둘레와 넓이

개념학습 둘레의 길이와 넓이

① 둘레의 길이가 일정한 직사각형은 가로와 세로의 길이의 차가 작아질수록 넓이가 커집니다.
둘레가 16cm인 직사각형 중에서 넓이가 가장 큰 것은 정사각형일 때이고, 그 넓이는 16cm²입니다.

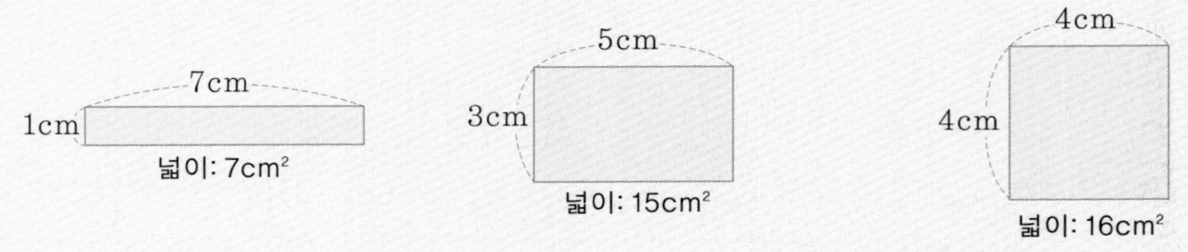

② 넓이가 일정한 직사각형은 가로와 세로의 길이의 차가 작아질수록 둘레의 길이가 짧아집니다.
넓이가 36cm²인 직사각형 중에서 둘레의 길이가 가장 작은 것은 정사각형일 때이고, 그 둘레는 24cm입니다.

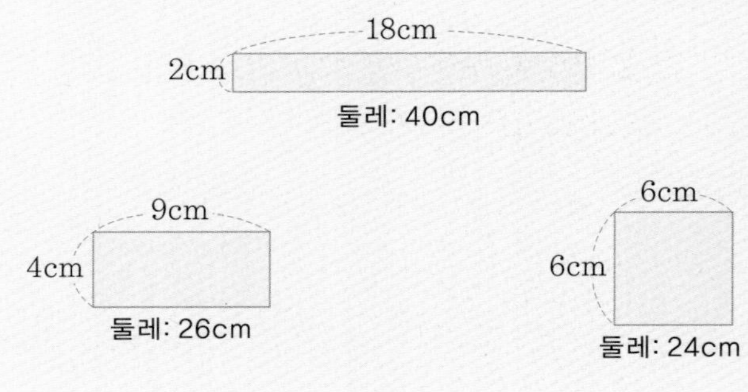

예제 길이가 1cm인 막대가 35개 있습니다. 이 막대를 사용하여 넓이가 가장 큰 직사각형을 만들 때, 그 넓이를 구하는 방법을 설명하시오. (단, 가로보다 세로가 깁니다.)

강의노트

① 직사각형의 둘레의 길이는 {(가로)+(세로)}×2로 홀수가 될 수 없으므로 막대를 최대 ☐개 사용할 수 있습니다.

② 둘레의 길이가 일정한 직사각형은 가로와 세로의 길이의 차가 (작아, 커)질수록 넓이가 커지므로 ☐개의 막대를 이용하여 가로와 세로의 길이의 차가 가장 (작게, 크게) 만듭니다.

③ 즉, 막대를 가로에 ☐개, 세로에 ☐개를 놓아 직사각형을 만들면 넓이가 가장 큰 직사각형이 됩니다. 따라서 구하는 넓이는 ☐cm²입니다.

개념학습 **대각선의 길이의 합이 같은 마름모의 넓이**

다음은 두 대각선의 길이의 합이 모두 12인 서로 다른 모양의 마름모입니다.

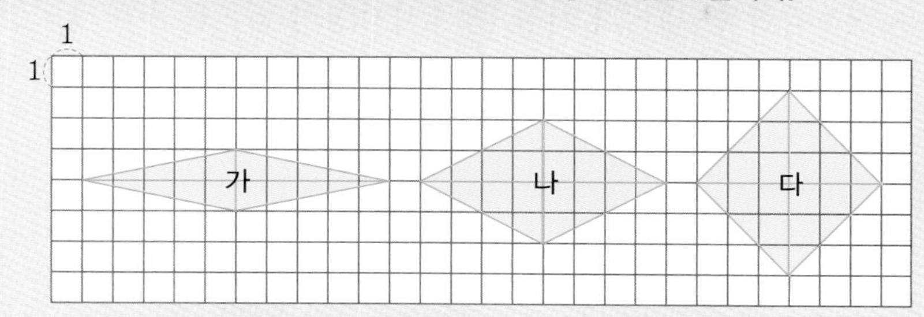

마름모 가, 나, 다의 대각선의 길이의 차는 각각 8, 4, 0이고, 넓이는 10, 16, 18입니다.
이와 같이 두 대각선의 길이의 합이 일정한 마름모는 두 대각선의 길이의 차가 작아질수록 넓이가 커집니다.

예제 두 대각선의 길이의 합이 9cm인 사각형 중 넓이가 가장 큰 사각형의 넓이를 구하시오. (단, 대각선의 길이는 자연수입니다.)

강의노트

① 두 대각선의 길이가 일정한 사각형의 넓이는 대각선이 서로 ☐으로 만날 때 가장 큽니다.

② 두 대각선이 서로 수직인 사각형에서는 두 대각선의 길이의 합이 일정할 때 대각선의 길이의 차가 (작을, 클)수록 넓이가 크므로 대각선의 길이는 각각 ☐cm, ☐cm이어야 합니다.

③ 따라서 두 대각선이 서로 ☐으로 만나고, 길이가 각각 ☐cm, ☐cm일 때 사각형의 넓이는 ☐×☐÷2=☐(cm^2)입니다.

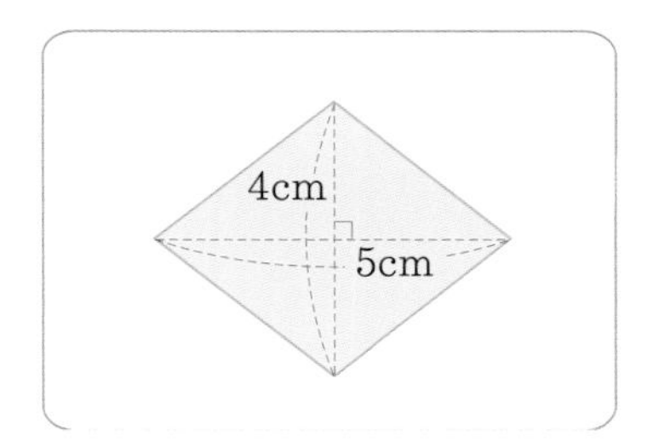

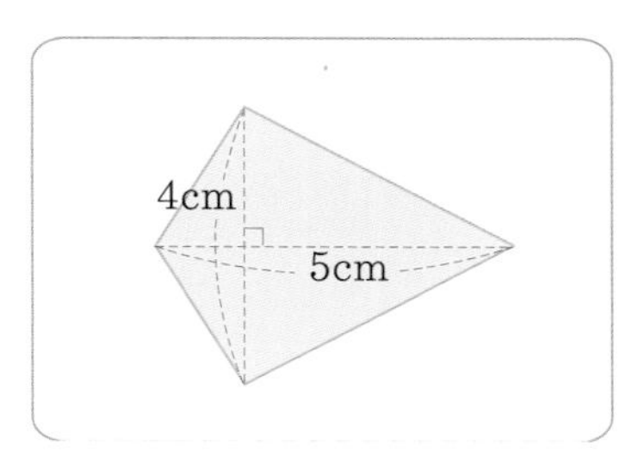

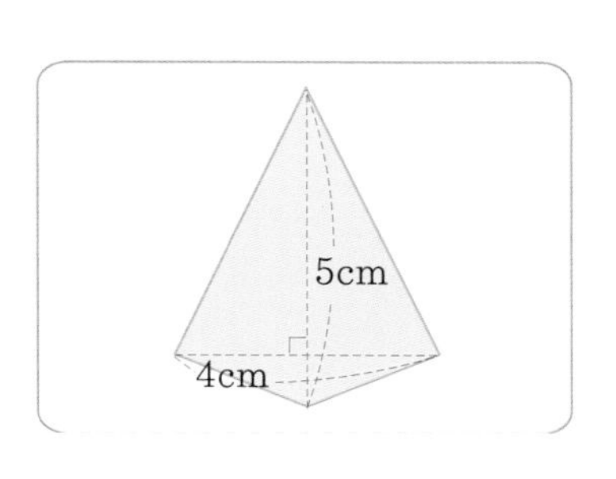

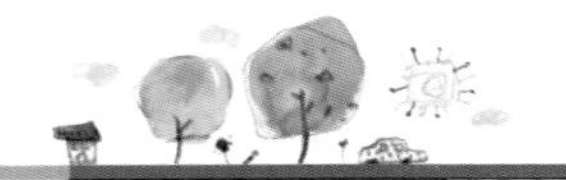

유형 15-1 서로 다른 길이의 막대로 직사각형 만들기

1cm부터 9cm까지 길이가 서로 다른 막대 9개가 있습니다. 이 막대를 이용하여 만들 수 있는 직사각형 중 넓이가 가장 큰 직사각형의 넓이를 구하시오.

1cm
2cm
3cm
4cm
5cm
6cm
7cm
8cm
9cm

1 직사각형의 둘레의 길이는 {(가로)+(세로)}×2이므로 항상 짝수가 되어야 합니다. 1cm부터 9cm까지의 막대 중 어느 길이의 막대를 빼야 합니까?

2 둘레의 길이가 일정한 직사각형은 가로와 세로의 길이의 차가 작을수록 넓이가 큽니다. 직사각형의 가로와 세로는 각각 몇 cm가 되어야 합니까?

3 **2**에서 구한 길이로 직사각형을 그리시오.

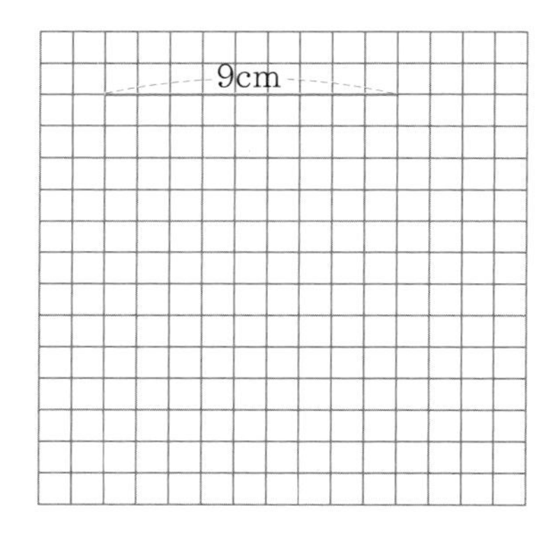

4 막대를 이용하여 만들 수 있는 직사각형 중 넓이가 가장 큰 직사각형의 넓이는 몇 cm^2입니까?

확인문제

Key Point

직사각형은 가로와 세로의 길이의 차가 작을수록 넓이가 큽니다.

1 길이가 4cm인 막대 2개, 5cm인 막대 4개, 6cm인 막대 2개를 사용하여 직사각형을 만들려고 합니다. 만들 수 있는 직사각형 중 넓이가 가장 큰 직사각형의 넓이는 몇 cm^2입니까?

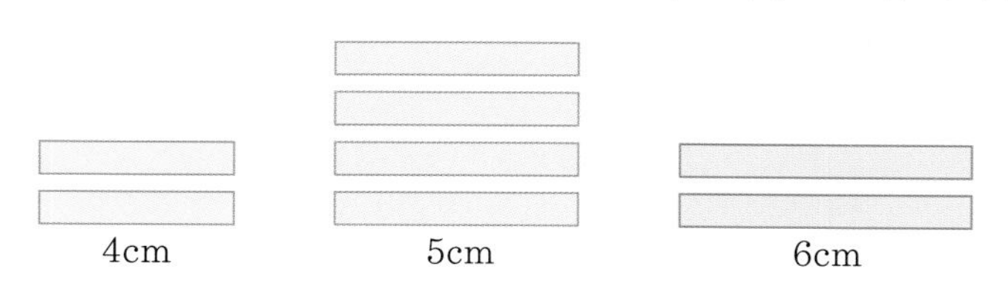

넓이가 일정한 직사각형은 가로와 세로의 길이의 차가 클수록 둘레의 길이가 길어집니다.

2 수진이네 집 마당에는 넓이가 $40m^2$인 직사각형 모양의 정원이 있습니다. 이 정원은 넓이가 $40m^2$인 직사각형 모양 중에서 둘레가 가장 길다고 합니다. 이 정원의 가로와 세로는 각각 몇 m입니까? (단, 가로가 세로보다 길고, 그 길이는 자연수입니다.)

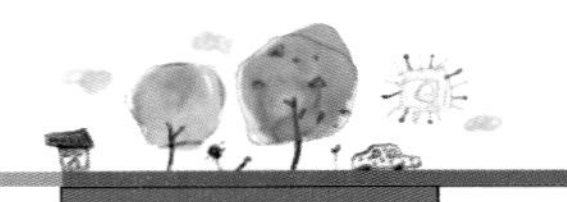

유형 15-2 대각선과 넓이

그림과 같이 길이가 2cm, 5cm, 9cm, 12cm인 막대 4개의 한 끝을 점 ㅁ에 고정시키고, 고정되어 있지 않은 다른 한쪽 끝은 자유롭게 움직일 수 있게 만들었습니다. 막대의 끝점 ㄱ, ㄴ, ㄷ, ㄹ을 연결하여 사각형 ㄱㄴㄷㄹ을 만들 때, 넓이가 가장 큰 사각형의 넓이를 구하시오.

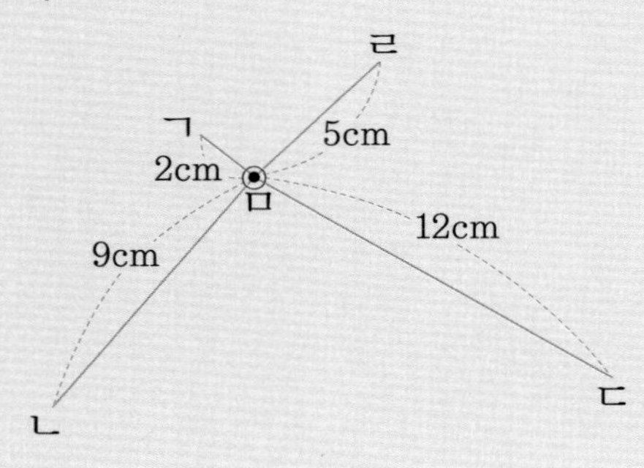

1 사각형 ㄱㄴㄷㄹ의 넓이는 삼각형 ㄱㄴㅁ, 삼각형 ㄴㄷㅁ, 삼각형 ㄷㄹㅁ, 삼각형 ㄱㄹㅁ의 넓이의 합과 같습니다. 다음은 막대를 움직여 삼각형 ㄱㄹㅁ을 여러 가지 모양으로 만든 것입니다. 삼각형의 넓이가 가장 넓을 때, 두 변이 이루는 각의 크기는 몇 도입니까?

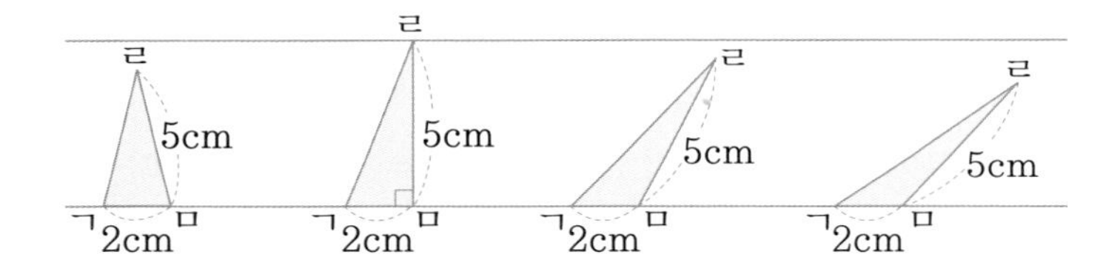

2 사각형의 두 대각선이 서로 수직으로 만날 때, 두 대각선의 길이가 될 수 있는 경우를 모두 구하시오.

3 대각선이 수직으로 만나는 사각형의 넓이는 (한 대각선의 길이)×(다른 대각선의 길이)×$\frac{1}{2}$ 입니다. 사각형 ㄱㄴㄷㄹ의 넓이가 최대일 때의 넓이를 구하시오.

1 그림과 같이 부채살의 길이가 여러 가지인 낡은 부채가 있습니다. 부채의 끝부분 점 ㅇ은 고정되어 있고, 다른 끝부분은 자유롭게 움직일 수 있다고 합니다. 부채살의 끝부분인 점 ㄱ, 점 ㄴ, 점 ㄷ, 점 ㄹ을 연결하여 사각형을 만들 때, 만들 수 있는 사각형 중 넓이가 가장 큰 사각형의 넓이를 구하시오. (단, 부채살에 붙어 있는 종이는 모두 떼어 냅니다.)

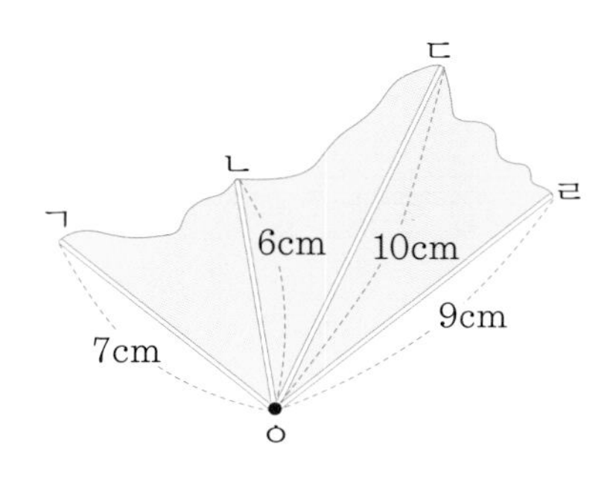

Key Point

사각형의 두 대각선의 길이의 합이 일정할 때 대각선의 길이의 차가 작을수록 넓이가 커집니다.

2 그림과 같이 땅 위에 하나의 점이 있습니다. 이 점에서 시작하는 4개의 선을 그어, 끝점 4개를 연결한 사각형 모양의 땅의 넓이가 가장 커지도록 만들었습니다. 땅의 넓이는 몇 m^2입니까? (단, 4개의 선의 길이의 합은 100m입니다.)

두 대각선의 길이가 일정한 사각형은 대각선이 서로 수직일 때 넓이가 가장 큽니다.

창의사고력 다지기

1 위에서 본 모양의 넓이가 $36m^2$인 직사각형의 수영장을 만들려고 합니다. 1m 길이의 막대를 가능한 적게 사용하여 수영장의 둘레에 빈틈없이 이어 붙인다고 할 때, 필요한 막대는 모두 몇 개입니까?

2 그림과 같이 길이가 1cm인 선분 AB의 점 A에 길이가 4cm, 5cm, 6cm인 막대 3개의 한쪽 끝이 고정되어 있고, 점 B에 길이가 3cm인 막대 1개의 한쪽 끝이 고정되어 있습니다. 4개의 막대의 다른 한 쪽은 자유롭게 움직일 수 있다면, 막대의 끝점 4개를 연결하여 만들 수 있는 사각형 중 넓이가 가장 큰 사각형의 넓이는 몇 cm^2입니까?

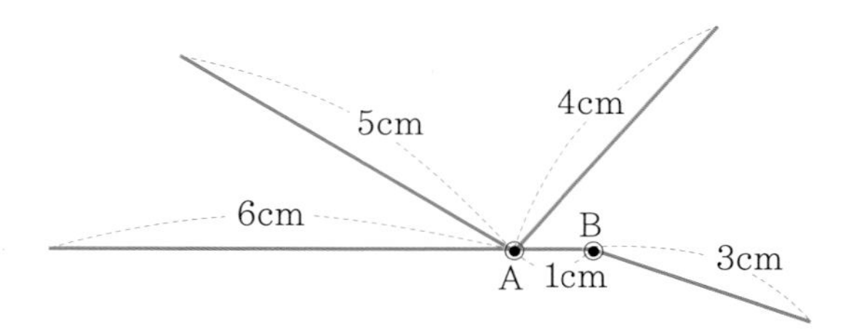

3 두 대각선의 길이의 합이 30m인 사각형 모양의 농장을 가진 세 명의 농부가 있습니다. 이들은 서로 자기 농장이 넓다며 자랑을 하고 있습니다. 다음을 읽고, 누구의 농장이 가장 넓은지 쓰시오.

- 청수: 내 땅의 한 개의 대각선의 길이는 20m야. 내 땅 정말 넓지?
- 민지: 내 땅의 대각선의 길이를 재어 보았더니 16m와 14m였고, 대각선이 서로 수직이었어.
- 훈재: 내 땅의 대각선은 서로 수직은 아니지만 대각선의 하나의 길이가 16m니까 내 땅도 정말 넓어.

4 다음과 같은 나무토막을 모두 이어 붙여 넓이가 가장 큰 직사각형 모양의 울타리를 만들려고 합니다. 울타리의 가로가 세로보다 길다고 할 때, 울타리의 가로 부분 하나를 만드는 데 몇 m 길이의 나무토막이 몇 개씩 사용되는지 구하시오.

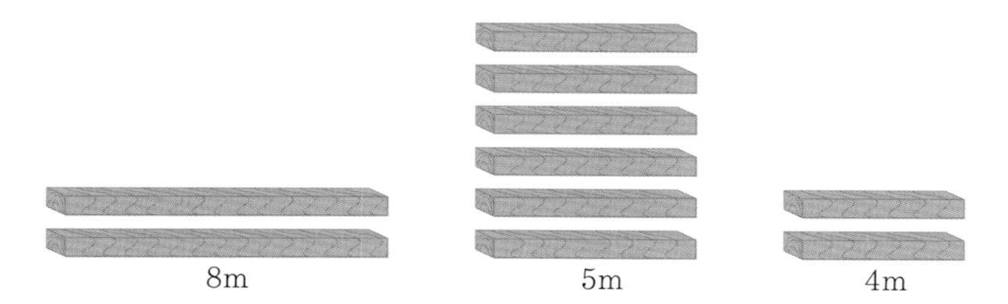

Memo

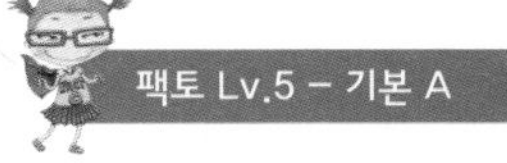

팩토 Lv.5 – 기본 A

총괄평가

정답 및 풀이

매스티안

1 각 칸이 나타내는 수:

1	2
4	8

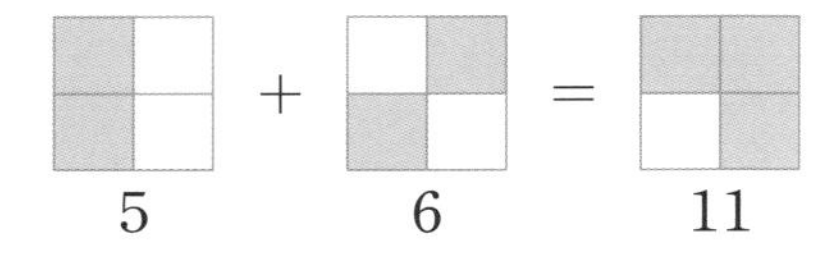

답 풀이 참조

2 먼저 100에 가까운 수(123, $8\times9=72$)를 만들어 생각해 봅니다.

답 예 $123+45-67+8-9=100$
$12+3+4-56\div7+89=100$
$1+2+3+4+5+6+7+8\times9=100$

3 '2 1 1'이 있는 줄은 한 가지 경우로만 색칠할 수 있는 줄입니다. 또, '5'가 있는 줄의 가운데 4칸은 반드시 색칠됩니다. 반드시 색칠되는 칸을 먼저 칠한 후, 주어진 수에 따라 색칠해야 할 칸과 색칠할 수 없는 칸을 표시하여 나머지 칸도 알맞게 색칠합니다.

답

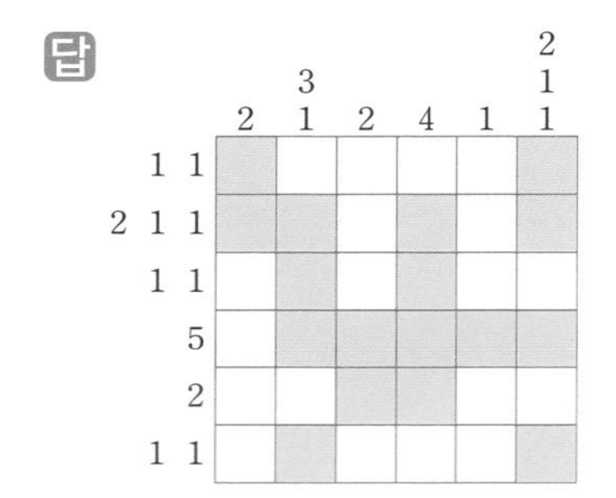

4 먼저 하는 사람이 격자판의 중심에 조각을 놓은 다음 나중에 하는 사람이 놓은 모양과 항상 대칭이 되게 놓으면 반드시 이길 수 있습니다.

답

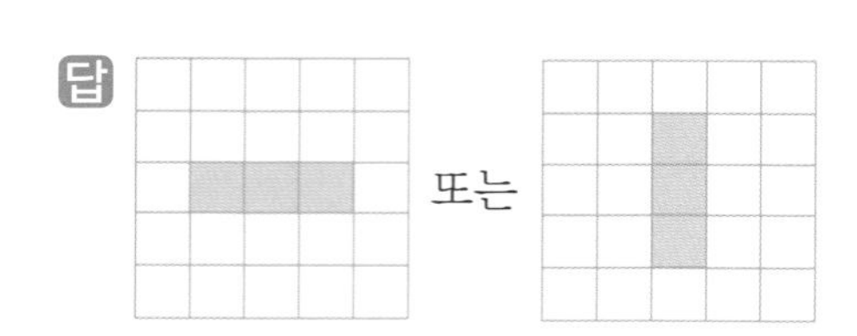

5 • 색칠된 면의 개수가 0개인 작은 정육면체의 개수: 64개의 작은 정육면체에서 색칠된 겉면을 모두 빼면 8개입니다.

• 색칠된 면의 개수가 1개인 작은 정육면체의 개수: 정육면체의 면의 개수는 6개이고, 한 면만 색칠된 작은 정육면체는 각 면에 4개씩 있으므로 모두 $6\times4=24$(개)입니다.

• 색칠된 면의 개수가 2개인 작은 정육면체의 개수: 정육면체의 모서리의 개수는 12개이고, 두 면이 색칠된 작은 정육면체는 각 모서리에 2개씩 있으므로 모두 $12\times2=24$(개)입니다.

• 색칠된 면의 개수가 3개인 작은 정육면체의 개수: 정육면체의 꼭짓점의 개수는 8개이므로 모두 8개입니다.

답 8, 24, 24, 8

6

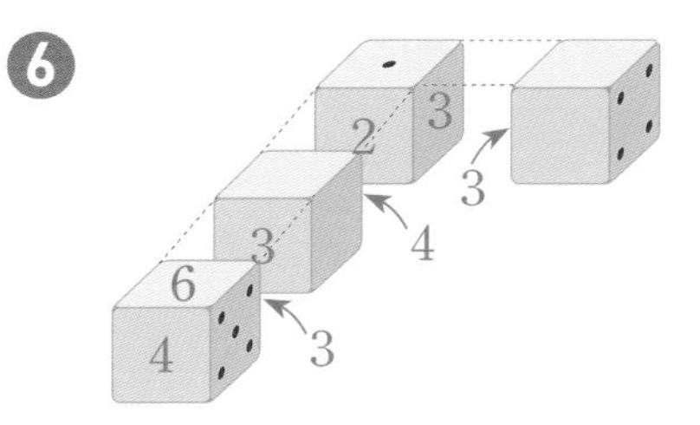

답 6, 4

7 분자는 2씩 커지고, 분모는 더해지는 수가 1, 2, 3, 4, …로 늘어나는 수열입니다.

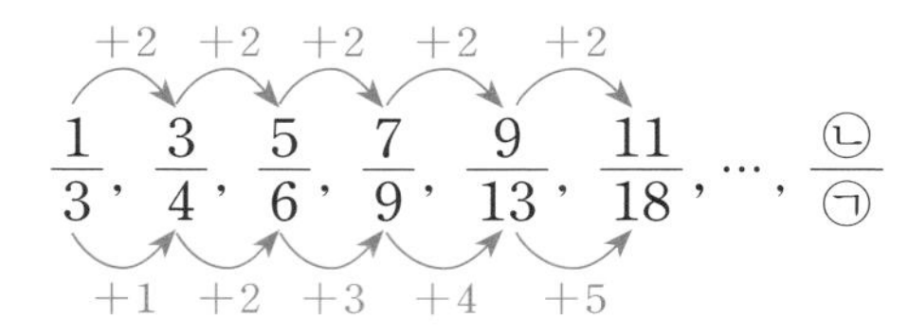

따라서 15째 번에 오는 분수의 분모 ㉠은
$3+(1+2+3+\cdots+14)=108$이고,
분자 ㉡은 $15\times2-1=29$입니다.

답 108, 29

8 비밀번호를 나타내는 수는 직각의 개수입니다.

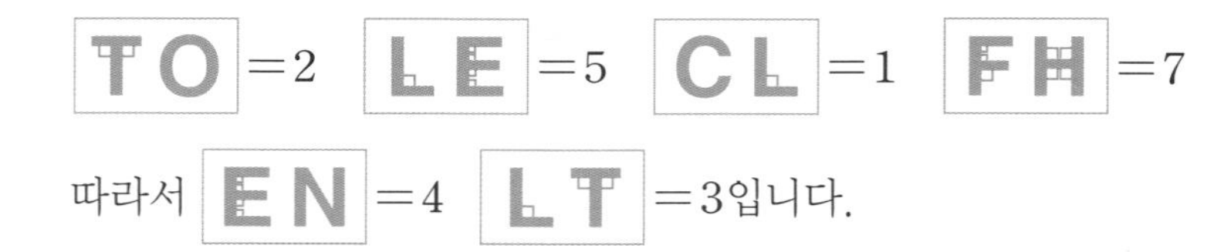

답 4, 3

9 그림을 삼각형 4개와 사각형 1개로 나누어서 넓이를 계산합니다.

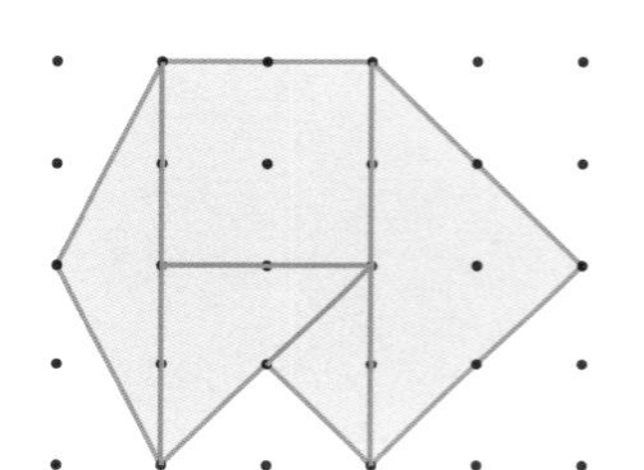

$(4\times1\times\frac{1}{2})+(2\times2)+(2\times2\times\frac{1}{2})+(2\times1\times\frac{1}{2})+(4\times2\times\frac{1}{2})=13(cm^2)$입니다.

답 13

10 모든 나무토막의 길이의 합은
$(2\times4)+(4\times4)+(7\times2)=38$(m)이고, 이것을 모두 사용하므로 가로와 세로의 길이의 합은 19m가 되어야 합니다.
19m는 각 길이의 나무토막 개수의 절반씩 필요하고, 직사각형의 넓이가 가장 커야 하므로 가로와 세로의 길이의 차가 가장 작아야 합니다. 또, 가로가 세로보다 길어야 하므로 울타리의 가로는 10m, 세로는 9m입니다.
가로: $4+4+2=10$(m), 세로: $7+2=9$(m)
따라서 가로 부분을 만드는 데 사용되는 나무토막은 4m짜리 2개, 2m짜리 1개입니다.

답 4m짜리 2개, 2m짜리 1개

총괄평가

매스티안

❾ 가로, 세로의 간격이 1 cm로 일정한 점판 위에 다음과 같은 도형을 그렸습니다. 색칠된 도형의 넓이는 몇 cm^2인지 구하시오.

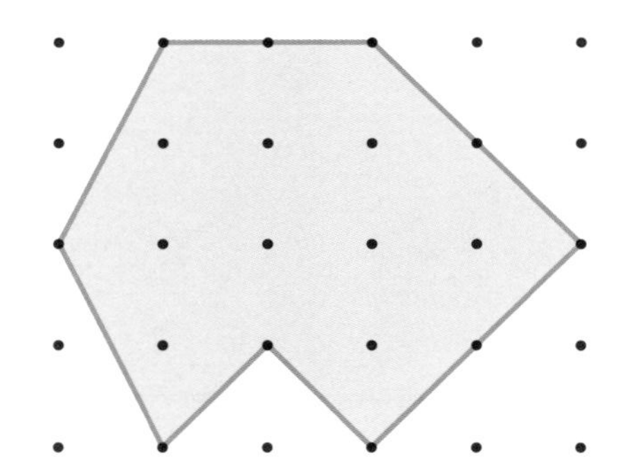

답 ________ cm^2

❿ 다음과 같은 나무토막을 모두 이어 붙여 넓이가 가장 큰 직사각형 모양의 울타리를 만들려고 합니다. 울타리의 가로가 세로보다 길다고 할 때, 울타리의 가로 부분 하나를 만드는 데 몇 m 길이의 나무토막이 몇 개씩 사용되는지 구하시오.

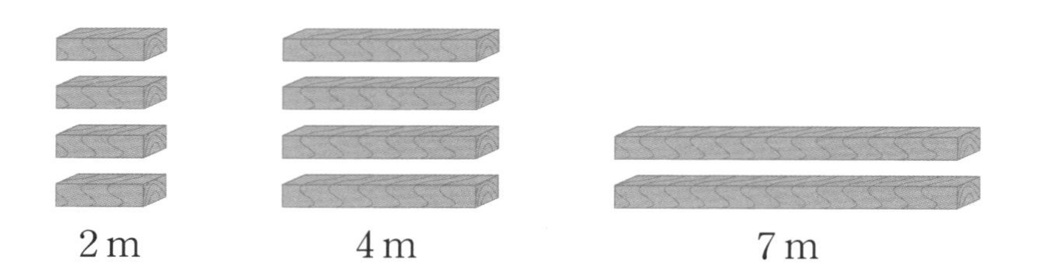

답 ____________________

6 |보기|의 주사위 4개를 오른쪽 그림과 같이 이어 붙였습니다. 서로 맞닿은 면의 눈의 합이 모두 6일 때, 면 ⓐ와 면 ⓑ에 들어갈 알맞은 눈의 수를 각각 구하시오.

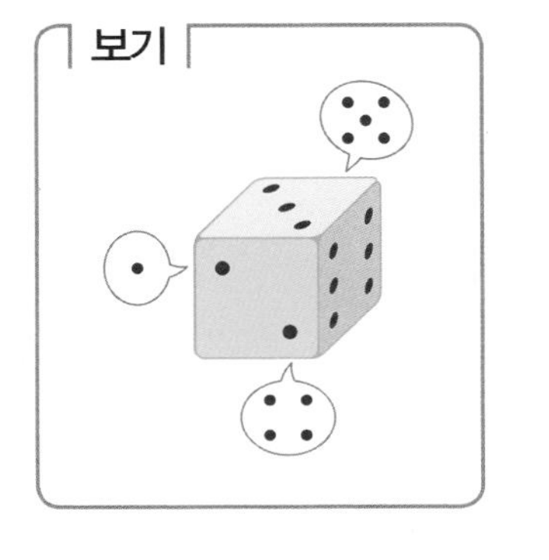

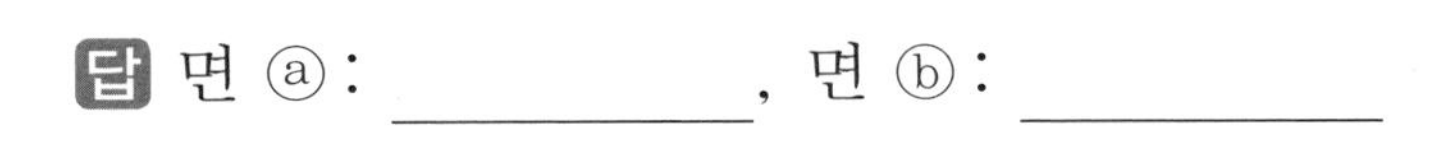

답 면 ⓐ: ________, 면 ⓑ: ________

7 다음은 분수들을 일정한 규칙에 따라 늘어놓은 것입니다. 15째 번에 올 분수 $\frac{㉡}{㉠}$을 구하시오.

$$\frac{1}{3},\ \frac{3}{4},\ \frac{5}{6},\ \frac{7}{9},\ \frac{9}{13},\ \frac{11}{18},\ \cdots,\ \frac{㉡}{㉠}$$

답 ㉠: ________, ㉡: ________

8 다음은 보물이 들어 있는 금고의 여섯 자리 수 비밀번호입니다. 빈칸에 들어갈 알맞은 수를 차례로 쓰시오.

TO	LE	CL	EN	LT	FH
2	5	1	□	□	7

답 ________

4 그림과 같은 가로 5칸, 세로 5칸의 격자판이 있습니다. 두 사람이 번갈아 가며 3칸짜리 조각으로 격자판을 덮어 나갈 때, 먼저 하는 사람이 이기려면 조각을 어디에 놓아야 하는지 색칠하시오.

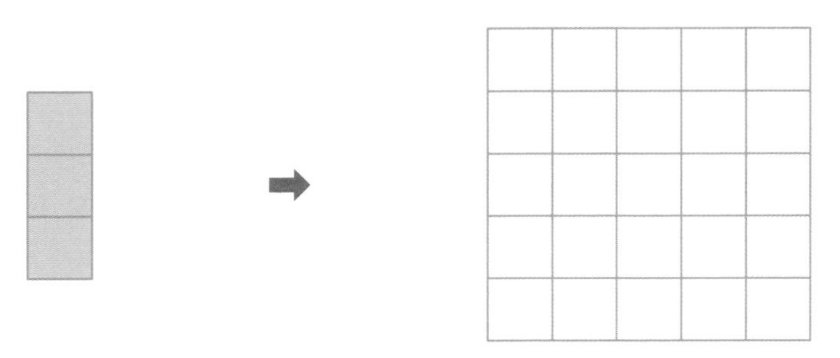

5 아래 정육면체의 겉면을 파란색으로 칠하고, 크기가 같은 작은 정육면체 64개로 잘랐습니다. 작은 정육면체 중 색칠된 면의 개수가 0개, 1개, 2개, 3개인 작은 정육면체의 개수를 각각 구하시오.

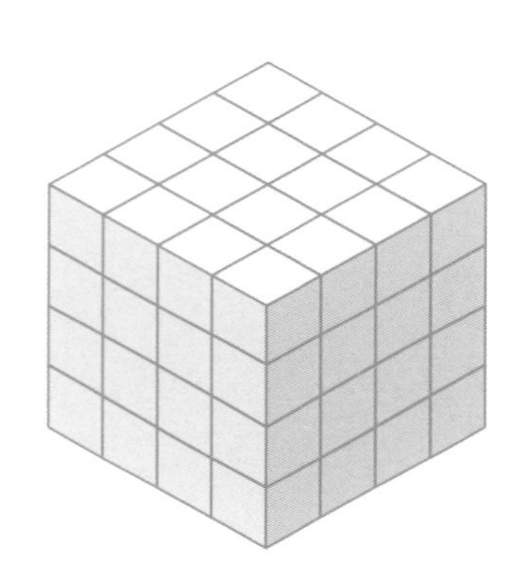

답 0개 : ________개, 1개 : ________개, 2개 : ________개, 3개 : ________개

총괄평가

1 |보기|와 같이 수를 나타낼 때, 식의 계산 결과를 보기와 같은 도형으로 나타내시오.

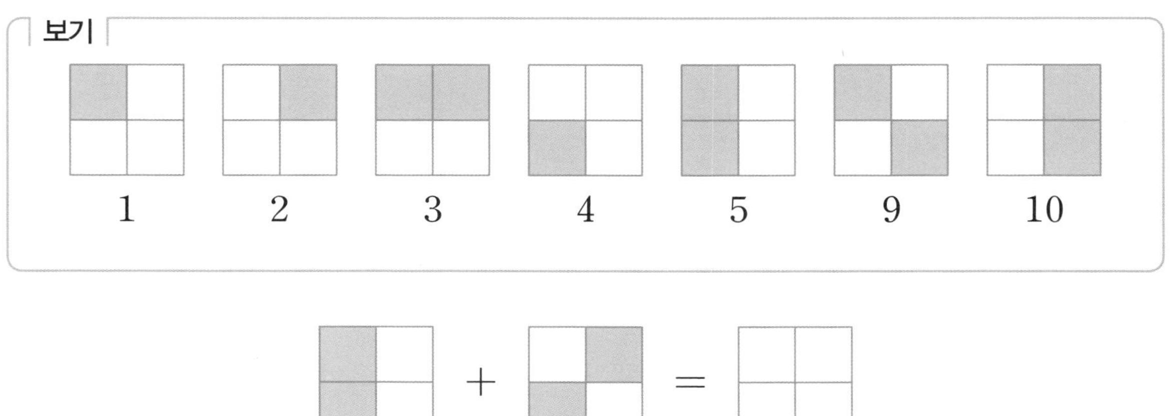

+ =

2 주어진 숫자 사이에 +, −, ×, ÷, (　)를 써넣어 등식이 성립하도록 만들어 보시오. (단, 모든 숫자 사이에 기호가 들어갈 필요는 없습니다.)

1　2　3　4　5　6　7　8　9 = 100

3 다음 |규칙|에 맞게 도형을 색칠하시오.

규칙

- 사각형 위에 있는 수는 세로줄에 칠해진 칸의 수를 나타냅니다.
- 사각형 왼쪽에 있는 수는 가로줄에 칠해진 칸의 수를 나타냅니다.
- 연이어 나온 수와 수 사이에는 반드시 빈칸이 있어야 합니다.

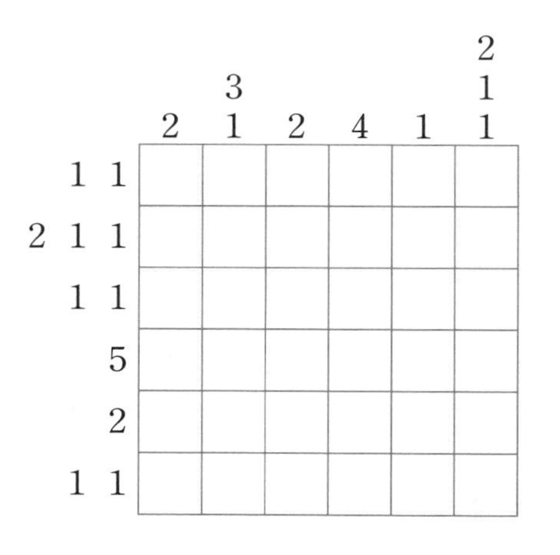

창의사고력 초등 수학 팩토

총괄평가

권장 시험 시간	50분

유의사항

- 총 문항 수(10문항)를 확인해 주세요.
- 권장 시험 시간(50분) 안에 문제를 풀어 주세요.
- 부분 점수가 있는 문제들이 있습니다. 끝까지 포기하지 말고 최선을 다해 주세요.

시험일시 ________ 년 ____ 월 ____ 일

이 름 ____________________

채점 결과를 매스티안 홈페이지(http://www.mathtian.com)에 방문하여 양식에 맞게 입력해 보세요.
「총괄평가 결과지」를 직접 받아보실 수 있습니다.

영재학급, 영재교육원, 경시대회 준비를 위한

창의사고력 초등 수학 팩토

바른 답 바른 풀이

I 수와 연산

01 교묘한 계산 p.8~p.9

예제 [답] ① 63, 6, 3, 6, 3
② 72, 7, 2, 7, 7777777622222223

유제 9와 9의 곱 81에서 8과 1은 각각 1번씩 나오고, 9와 0은 곱하는 9의 개수보다 1개 적은 6번씩 나옵니다.
따라서 9999999×9999999=99999980000001입니다.
[답] 99999980000001

예제 [답] ② 2, 8, 5, 7, 시계
③ 8, 571428

유형 01-1 수 피라미드 p.10~p.11

1 마지막으로 더한 수의 9의 개수를 □라고 할 때, 계산 결과의 일의 자리 숫자는 10−□입니다.
십의 자리 숫자는 모두 0입니다.
백의 자리 이상의 숫자는 모두 1이고, 그 개수는 (□−1)개입니다.
[답] 풀이 참조

2 ㉠ 마지막으로 더한 수의 9의 개수가 8개이므로 일의 자리 숫자는 10−8=2, 십의 자리 숫자는 0, 백의 자리 이상은 1이 8−1=7(개)입니다.
㉡ 마지막으로 더한 수의 9의 개수가 9개이므로 일의 자리 숫자는 10−9=1, 십의 자리 숫자는 0, 백의 자리 이상은 1이 9−1=8(개)입니다.
[답] ㉠ 111111102 ㉡ 1111111101

3 계산 결과에서 가장 큰 숫자는 곱하는 수의 1의 개수와 같습니다.
[답] 12345678987654321

확인문제

1 곱의 결과는 숫자 4와 2를 각각 곱하는 수의 자릿수와 같은 개수만큼 쓴 것입니다. 66666×66667은 다섯 자리 수의 곱이므로, 4와 2를 각각 5개씩 쓴 4444422222이고, 666666×666667은 여섯 자리 수의 곱이므로 444444222222입니다.
[답] 4444422222, 444444222222

2 각 줄에 더해진 짝수들은 2부터 차례대로 커지다가 한가운데에서 다시 작아집니다. □째 번 줄의 가장 큰 짝수는 □째 번 짝수이므로 각 줄의 합을 곱셈식으로 나타내면 (□째 번 짝수×□)가 됩니다.
따라서 9째 번 줄의 덧셈식은 2+4+6+8+10+12+14+16+18+16+14+12+10+8+6+4+2이고, 곱셈식은 18×9입니다.
[답] 2+4+6+8+10+12+14+16+18+16+14+12+10+8+6+4+2, 18×9

유형 01-2 (어떤 수)×(숫자 9로 이루어진 수) p.12~p.13

1 곱셈 결과의 앞부분은 곱해지는 수보다 1 작은 수입니다.
[답] 풀이 참조

2 앞부분과 뒷부분의 두 수의 합은 처음 식의 곱하는 수(숫자 9로만 이루어진 수)와 같습니다.
[답] 99, 999, 9999, 풀이참조

3 계산 결과의 앞부분은 82917325보다 1 작은 수인 82917324입니다. 82917324+□=99999999이므로 뒷부분은 99999999−82917324=17082675입니다.
[답] 8291732417082675

확인문제

1 계산 결과의 앞의 여섯 자리는 864327보다 1 작은 864326이고, 뒤의 여섯 자리는
999999−864326=135673입니다.
[답] 864326135673

2 광장에 모인 사람들의 수는 일정한 규칙으로 늘어납니다. 계산 결과의 맨 처음과 마지막에는 7×9를 계산한 6과 3을 쓰고, 가운데 들어가는 9의 개수는 곱하는 수의 9의 개수보다 1개 적어야 합니다.
따라서 결승전에 광장에 모인 사람들의 수는 6999993명입니다.
[답] 6999993명

창의사고력 다지기 p.14~p.15

1 ① 2025는 20+25=45, 45×45=2025이므로 카프리카 수입니다.
② 81은 8+1=9, 9×9=81이므로 카프리카 수입니다.
③ 3969는 39+69=108, 108×108=11664이므로 조건에 맞지 않습니다.
④ 3123은 31+23=54, 54×54=2916이므로 조건에 맞지 않습니다.
⑤ 9801은 98+01=99, 99×99=9801이므로 카프리카 수입니다.
[답] ③, ④

2 계산 결과는 더하는 수만큼 1이 나열된 수입니다. 앞의 곱셈식에서 곱해지는 수는 0, 1, 12, 123, 1234, …와 같이 숫자가 하나씩 늘어나고 자릿수는 (더하는 수)−1입니다.
따라서 ㉮에 들어갈 수는 123이고, ㉯에 들어갈 수는 더하는 수와 같은 8개의 1을 나열한 11111111입니다.
[답] ㉮ 123, ㉯ 11111111

3 계산 결과를 두 부분으로 나눈 다음, 각 부분의 가장 오른쪽에 두 숫자 9와 5의 곱인 45의 숫자 4와 5를 씁니다. 빈칸에 5보다 1 큰 수인 6과 9의 곱인 54의 두 숫자 5와 4를 각각 5번씩 써넣습니다.
➡ 555554444445
[답] 555554444445

4 농부가 일을 했을 때 받는 돈을 곱셈식으로 나타내어 보면 다음과 같습니다.
1일: 1×1000=1000(원)
2일: 2×2×1000=4000(원)
3일: 3×3×1000=9000(원)
4일: 4×4×1000=16000(원)
⋮
따라서 15일 일하면 15×15×1000=225000(원)을 받을 수 있습니다.
[답] 225000원

02 도형이 나타내는 수 p.16~p.17

예제 [답] ① 2436
② 1765
③ 4201,

유제 더해지는 수는 89, 더하는 수는 125이므로 계산 결과 214를 고대의 수로 나타내면 HH△IIII입니다.
[답] HH△IIII

예제 [답] ① 16, 8, 4
② 17, 11, 28
③ 16, 8, 4,

유제 각 칸이 나타내는 수:

이 나타내는 수: 7

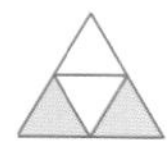
이 나타내는 수: 6

두 수의 합: 13

[답] 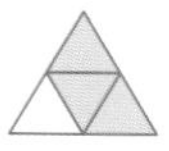

유형 02-1 마야의 수 p.18~p.19

1 ●는 1, —는 5를 나타내므로 ●●●는 3, ●●/≡는 17을 나타냅니다.
[답] 3, 17

2 $77=60+17$이므로 ●●●는 60, ●●/≡는 17을 나타냅니다. 따라서 ●●●는 20의 자리, ●●/≡은 1의 자리입니다.
[답] 20, 1

3 ●● → $20\times2=40$
●●●●/= → $1\times14=14$] 이므로 $40+14=54$,

●●●/— → $20\times8=160$
●●●●/— → $1\times9=9$] 이므로 $160+9=169$입니다.

[답] 54, 169

4 두 수의 합 223은 $20\times11+1\times3$이므로 이것을 마야의 수로 나타내면 ●/=/●●●입니다.
[답] ●/=/●●●

확인문제

1 $356+188=544$
[답] 544

2 각 정사각형이 나타내는 수는 다음과 같습니다.

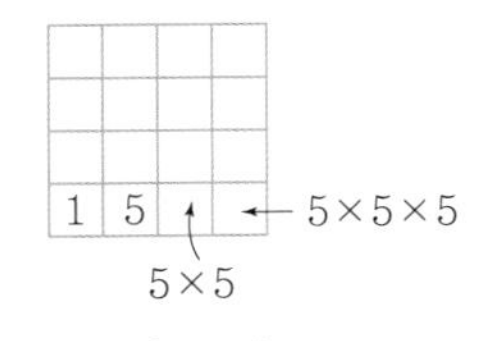

$84=(5\times5)\times3+5\times1+1\times4$이므로

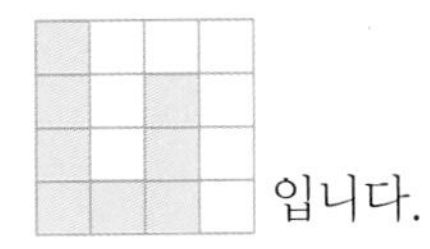

입니다.

[답] 풀이 참조

유형 02-2 알파벳이 나타내는 수 p.20~p.21

1 $A\times B=B$에서 B는 0이 아니므로 $A=1$입니다.
[답] 1

2 $A=1$이므로 C는 1이 될 수 없습니다. $C=2$일 때 $D=4$, $C=3$일 때 $D=9$가 됩니다. C의 값이 더 커지면 D가 두 자리 수가 되므로 C가 될 수 있는 수는 2와 3뿐입니다.
[답] 2, 3

3 $A=1$이므로 $1+B=C$입니다. $C=2$일 때 $B=1$이 되어 A와 같은 값을 가지게 됩니다. 따라서 ①의 식을 만족하는 C의 값은 3이고, 이때 $B=2$, $D=9$가 됩니다.
[답] $C=3$, $B=2$, $D=9$

4 ④와 ⑤의 식에 A, B의 값을 각각 넣어 보면 ④는 $2\times E=2+F$가 되고, ⑤는 $1+2+E=F$가 됩니다.
$2\times E=2+F$를 만족하는 E와 F의 값은 $E=4$, $F=6$ 또는 $E=5$, $F=8$이고, 이 중 $1+2+E=F$를 만족하는 E와 F의 값은 $E=5$, $F=8$입니다.
[답] $E=5$, $F=8$

확인문제

1 $F\times C=C$에서 C는 0이 될 수 없으므로 $F=1$입니다.
$E\times E=D$에서 $E=2$, $D=4$ 또는 $E=3$, $D=9$입니다. $E=2$일 때 $F+C=E$에서 F와 C 모두 1이 되어 조건에 맞지 않으므로 $E=3$이 됩니다.
$E+D+C=F+B+A$에서 $C=2$, $F=1$, $E=3$, $D=9$이므로 $3+9+2=1+B+A$이고 $A+B=13$이 됩니다. 이때, A와 B를 만족하는 수는 5와 8 또는 6과 7입니다.
$A\times C=B+C$에서 $A\times2=B+2$를 만족하는 A와 B의 값은 각각 5, 8입니다. 따라서 $A=5$, $B=8$, $C=2$, $D=9$, $E=3$, $F=1$입니다.
[답] $A=5$, $B=8$, $C=2$, $D=9$, $E=3$, $F=1$

2 ▲+◆=▲에서 ◆가 나타내는 수는 0입니다.
▣×●=●에서 ▣가 나타내는 수는 1입니다.
나머지 수들 중에서 ◉+◉=■를 만족하는 ◉와 ■를 구하면 ◉는 2가 되고, ■는 4가 됩니다.
■−▣=●에서 ■=4, ▣=1이므로 ●=3이 됩니다. 따라서 ▲가 나타내는 수는 5입니다.
[답] ■=4, ▲=5, ●=3, ◆=0, ◉=2, ▣=1

창의사고력 다지기 p.22~p.23

1 ☆+☆+☆+☆=12이므로 ☆=3입니다.
□+□+□+◇=16이고
◇+◇+□+◇=8이므로 두 식을 더하면
(□+□+□+◇)+(◇+◇+□+◇)
=8+16=24가 되고, □+◇=24÷4=6입니다.
왼쪽에서 셋째 번 세로줄 ◇+☆+□+□=14에서 ☆+(◇+□)+□=3+6+□=14이므로
□=5이고, ◇=1입니다.
이때, ㉠=☆+☆+◇+□=3+3+1+5=12이고,
㉡=□+☆+◇+◇=5+3+1+1=10입니다.
따라서 ㉠과 ㉡의 합은 12+10=22입니다.
[답] 22

2 세로로 오른쪽 첫째 번 줄에 있는 정사각형 하나가 나타내는 수는 1, 둘째 번 줄에 있는 정사각형 하나가 나타내는 수는 4, 셋째 번 줄에 있는 정사각형 하나가 나타내는 수는 4×4=16, 넷째 번 줄에 있는 정사각형 하나가 나타내는 수는 4×4×4=64입니다. 그림에서 나타내는 수를 앞에서 구한 각 줄의 정사각형 하나가 나타내는 수들의 합으로 나타내면
64×1+16×1+4×1+1×2=86입니다.
따라서 [그림] 이 나타내는 수는 86입니다.
[답] 86

3 CMLXⅦ은 C가 M 앞에 있으므로
1000−100=900, L=50, X=10, Ⅶ=7을 모두 더하면 967이고, DCXLⅧ은 D=500, C=100, X가 L 앞에 있으므로 50−10=40, Ⅷ=8을 모두 더하면 648입니다. 따라서 두 수의 차는
967−648=319이므로 CCCXⅨ로 나타낼 수 있습니다.
[답] CCCXⅨ

4 C+D=D에서 C=0입니다.
B×D=D에서 B=1입니다.
E÷D=D에서 E=4, D=2입니다.
E+D=A에서 4+2=A이므로 A=6입니다.
따라서 A×E=6×4=24입니다.
[답] 24

03 목표수 만들기 p.24~p.25

예제 [답] 1.5+2+2.5, 1.5+2.5, 0.5+2.5+1,
2.5×2+1, 0.5+2.5+1, 2.5×2+1,
10×2, 1.5−1

유제 30÷2=15 → (3×10)÷2=15,
30÷(5−3)=15,
30÷(10÷5)=15
$45\times\frac{1}{3}=15 \rightarrow (5\times9)\times\frac{1}{3}=15,$
$(3\times15)\times\frac{1}{3}=15$
10+5=15 → 10+(2+3)=15,
$(30\times\frac{1}{3})+5=15,$
$(30\times\frac{1}{3})+(2+3)=15$
$3\times5=15 \rightarrow (9\times\frac{1}{3})\times5=15,$
$(9\times\frac{1}{3})\times(10-5)=15,$
$(9\times\frac{1}{3})\times(2+3)=15$
[답] 풀이 참조 (이외에도 여러 가지가 있습니다.)

예제 [답] ① 36 ② 12, 6, +, +, +, +, −, +, +

유제 두 수를 붙여 21에 가장 가까운 두 자리 수를 만들면 23입니다. 나머지 수들 사이에 +, −를 넣어 21이 되도록 만들면 1+23−4−5+6=21입니다.
[답] 1+23−4−5+6=21

해답

유형 03-1 여러 가지 방법으로 목표수 만들기(1) p.26~p.27

1 [답] 67

2 [답] $1+2+3-4+5+67=74$

3 [답] 56

4 [답] $12+3-4+56+7=74$

확인문제

1 123에서 23이 작아져야 합니다. 67을 더하고 89를 빼면 22가 작아집니다. 또, 남은 4와 5에서 4를 더하고 5를 빼면 1이 더 작아지므로 계산 결과가 100이 되는 식을 만들 수 있습니다.
➡ $123+4-5+67-89=100$
[답] +, −, +, −

2 +를 7번 사용하면 반드시 두 자리 수 1개가 나타납니다. 따라서 두 자리 수 1개를 만들어 생각해 봅니다. 두 수 △, □를 붙여 두 자리 수 △□를 만들면 전체의 합에서 △와 □만큼 작아지는 대신 △□만큼 커지므로 45−△−□+△□와 같습니다.
두 자리 수 △□는 10×△+□와 같으므로 전체 합은 45−△−□+10×△+□=45+9×△로 45보다 9×△만큼 커집니다.
전체 합 108은 45보다 63이 큰 수이므로 $9\times7=63$으로 7과 8을 붙여 두 자리 수 78을 만들면 됩니다.
[답] $1+2+3+4+5+6+78+9=108$

유형 03-2 여러 가지 방법으로 목표수 만들기(2) p.28~p.29

1 [답] $33+59=92$

2 $104-92=12$이므로, 1, 2, 3, 3을 사용하여 12를 만들면 $1+2+3\times3=12$, $(1+2)\times3+3=12$입니다.
[답] 풀이 참조

3 [답] $1+2+3\times3+33+59=104$
$(1+2)\times3+3+33+59=104$

4 [답] $33+5\times9=78$

5 $104-78=26$이므로 1, 2, 3, 3을 사용하여 점을 만들면 $1\times23+3=26$입니다.
[답] $1\times23+3=26$

6 [답] $1\times23+3+33+5\times9=104$

확인문제

1 11을 제외한 5, 13, 15를 사용하여 $(15-13)\times5=10$을 만들어 11과의 차를 구하면 1이 되는 식을 만들 수 있습니다.
[답] 예 $11-(15-13)\times5=1$

2 2, 3, 5를 사용하여 69에 가장 가까운 수를 만들면 $2\times35=70$이고, 8, 8, 8, 9로 1을 만들어 빼면 $2\times35+88-89=69$입니다.
[답] 예 $2\times35+8+8-8-9=69$
$2\times3\times(5+8)+8-8-9=69$
$2\times35+88-89=69$

창의사고력 다지기 p.30~p.31

1 ○ 안에 모두 +를 넣으면 계산 결과는 45입니다.
이때 +를 −로 바꾸면 빼는 수의 2배만큼 작아지므로 44가 작아지려면 22를 빼야 합니다.
가장 앞의 수 9는 뺄 수 없으므로 1에서 8까지의 수 중에서 22를 빼려면
(8, 7, 5, 2) (8, 7, 6, 1) (8, 7, 4, 3) (8, 7, 4, 2, 1)
(8, 6, 5, 3) (8, 6, 5, 2, 1) (8, 5, 4, 3, 2)
(7, 6, 5, 4) (7, 6, 5, 3, 1) (7, 6, 4, 3, 2)
(7, 5, 4, 3, 2, 1) 앞에 −를 넣으면 됩니다.
[답] 예 $9-8+7+6-5-4-3-2+1=1$
$9+8-7-6-5+4-3+2-1=1$

2 숫자 카드 2개를 붙여 두 자리 수를 만들고 남은 카드로 두 자리 수와 10의 차를 만들면
$12-(3+4-5)=10$, $14-(5-3+2)=10$,
$15-(4+3-2)=10$, $13-(5-4+2)=10$ 등을 만들 수 있습니다.
또한 두 수의 곱으로 10에 가까운 수를 만들면
$5\times2\times1\times(4-3)=10$, $5\times3-(4+2-1)=10$
$4\times3-(5-2-1)=10$, $1\times4\times2+(5-3)=10$ 등의 식을 만들 수 있습니다.
[답] $12-(3+4-5)=10$, $13-(5-4+2)=10$,
$14-(5-3+2)=10$, $15-(4+3-2)=10$,
$5\times2\times1\times(4-3)=10$, $5\times3-(4+2-1)=10$,
$4\times3-(5-2-1)=10$, $1\times4\times2+(5-3)=10$ 등

3 덧셈만으로 1000을 만들어야 하므로 더하는 수는 1000보다 작은 수여야 합니다. 8을 붙여 만든 수 중에서 1000에 가장 가까운 수는 888이고, 1000과의 차는 112입니다.
숫자 8을 붙여 112에 가장 가까운 수를 만들면 88이고, 남은 $112-88=24$는 8을 3번 더하여 만들 수 있습니다. 따라서 가장 적은 개수의 8을 사용하여 1000이 되는 덧셈식을 만들면
$888+88+8+8+8=1000$이므로 8은 모두 8번 사용됩니다.
[답] 8번

4 계산 결과가 크려면 큰 수를 곱하거나 더해야 합니다. 주어진 수들 중에서 가장 큰 수인 16과 8을 곱하고 남은 수 사이에 +, −, ÷를 넣어 그 값이 가장 크게 만들면 $16\times8+4-2\div1=130$입니다.
가장 작은 값을 만들려면 빼거나 나누는 수를 크게 하여야 하므로 $16-8\times4\div2+1=1$이 됩니다.
[답] 가장 큰 수: 130, 가장 작은 수: 1

Ⅱ 언어와 논리

04 여러 가지 로직 퍼즐 p.34~p.35

예제 [답]

②

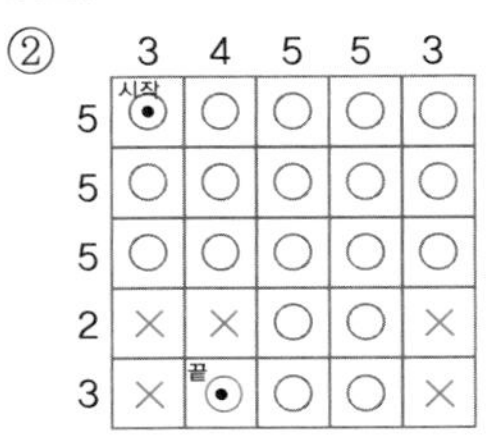

③ 또는

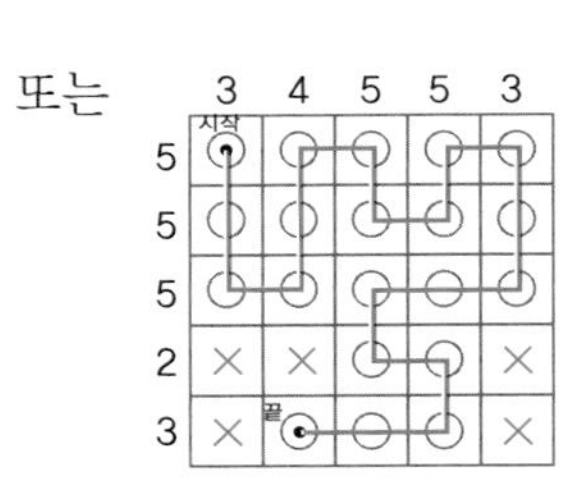

유제 6이 있는 가로줄의 모든 칸과 3이 있는 세로줄의 모든 칸에는 선이 지나갑니다. 그런 다음 주어진 수를 이용하여 선이 지나가는 칸과 지나가지 않는 칸을 표시하여 시작과 끝을 연결합니다.

[답]

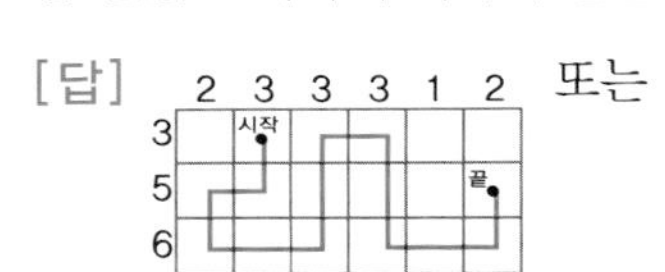

또는

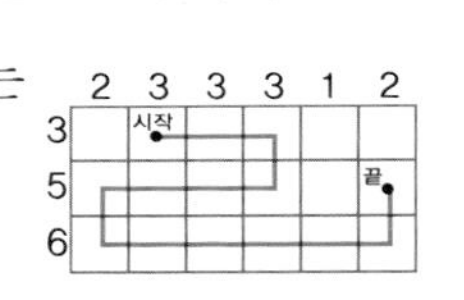

예제 [답] ③

4	3	2	1
1	4	3	2
2	1	4	3
3	2	1	4

유형 04-1 목표점 찾기 퍼즐 p.36~p.37

1 [답]

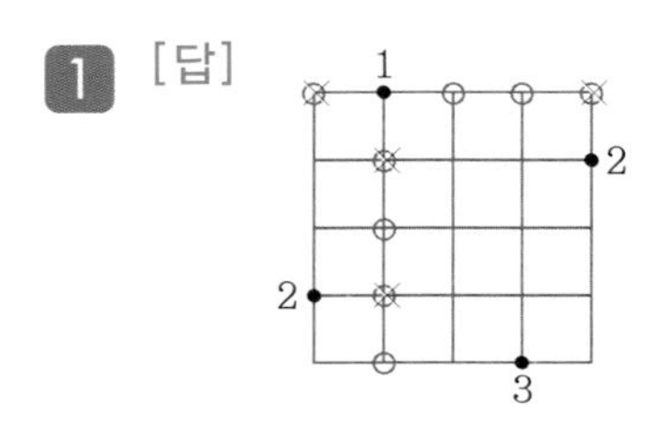

2 1이 쓰인 점과 같은 선 위에 있는 점 중에서 사각형의 가장자리에 있는 점은 제외합니다.

[답]

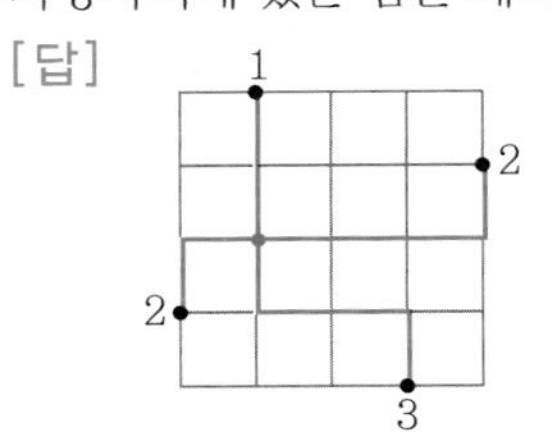

1 (1) 목표점이 될 수 있는 점은 수 1이 쓰인 점과 같은 선 위에 있는 점입니다. 또, 수 2가 쓰인 점과 같은 선 위에 있는 점과 사각형 가장자리에 있는 점은 목표점이 될 수 없습니다.

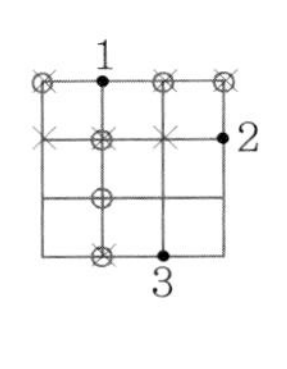

[답]

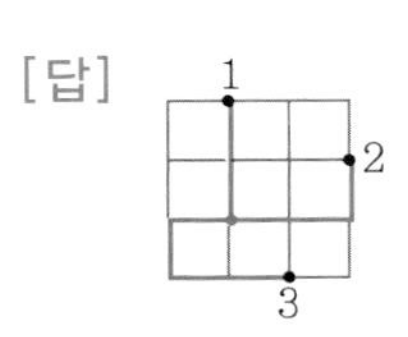

(2) 수 2가 쓰인 점과 같은 선 위에 있는 점과 사각형 가장자리에 있는 점은 목표점이 될 수 없습니다. 즉, 목표점이 될 수 있는 점은 ㉠ 또는 ㉡입니다.

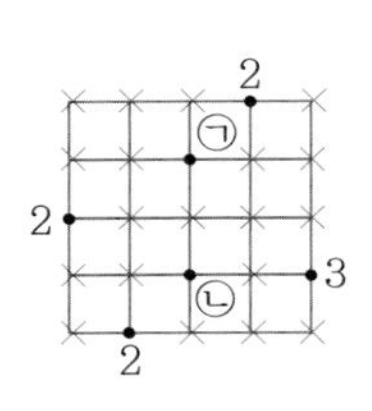

[답]

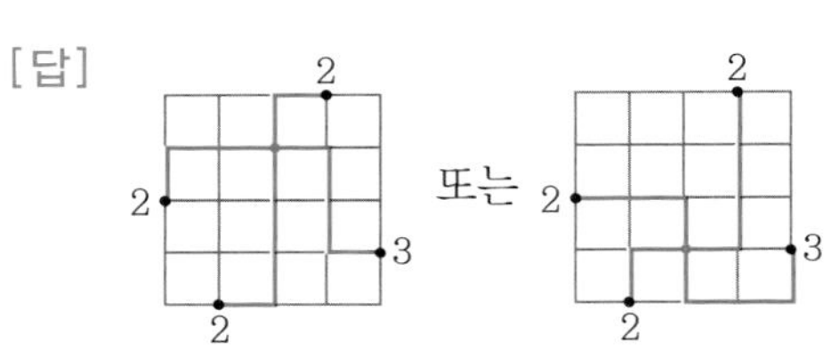

2 숫자 4는 4칸을 선을 그어 ★과 연결해야 하므로 ㉡과 연결할 수 있습니다. 마찬가지 방법으로 5는 ㉠과 연결할 수 있고 숫자 칸을 제외한 모든 칸에 선이 지나가야 하므로 두 개의 숫자 6과 ㉢, ㉣을 각각 연결합니다.

[답] 풀이 참조

유형 04-2 노노그램 p.38~p.39

1 [답]

1 2 1		×			×	
2 3			×			

2 [답]

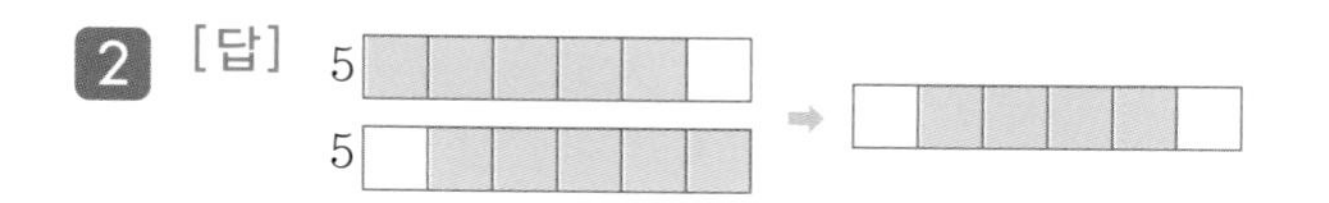

3 [답]

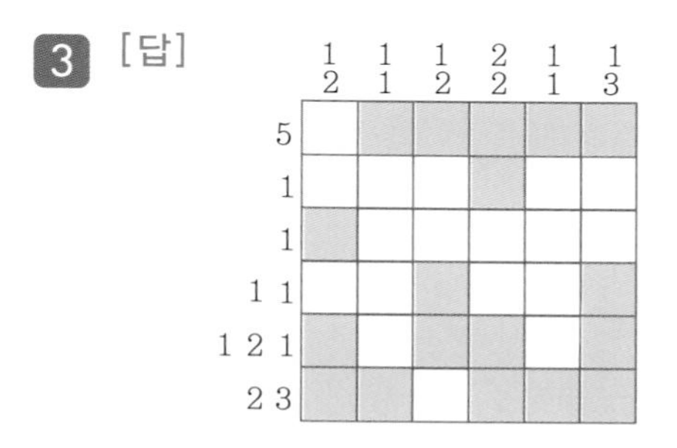

확인문제

1 '2 3'이 있는 줄은 한 가지 경우로만 색칠할 수 있는 줄입니다. 또, '5'가 있는 줄의 가운데 4칸은 반드시 색칠됩니다. 그런 다음 '3'이 있는 세로 줄을 이어서 색칠하고 주어진 수에 따라 색칠해야 할 칸과 색칠할 수 없는 칸을 표시하여 나머지 칸도 알맞게 색칠합니다.

[답]

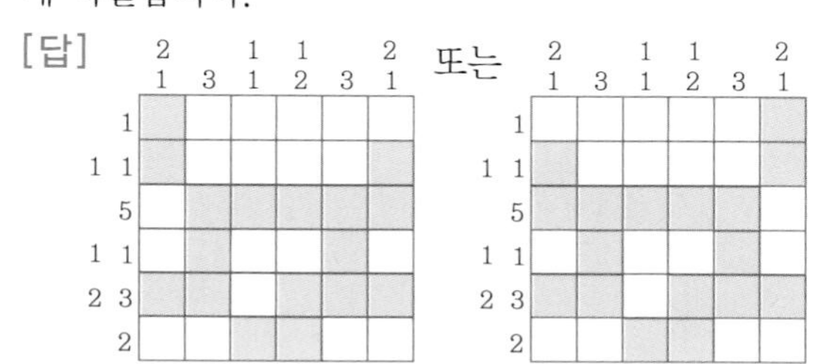

2

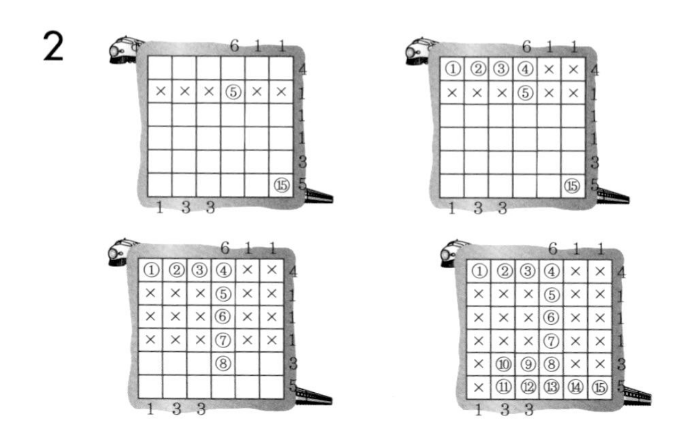

[답]

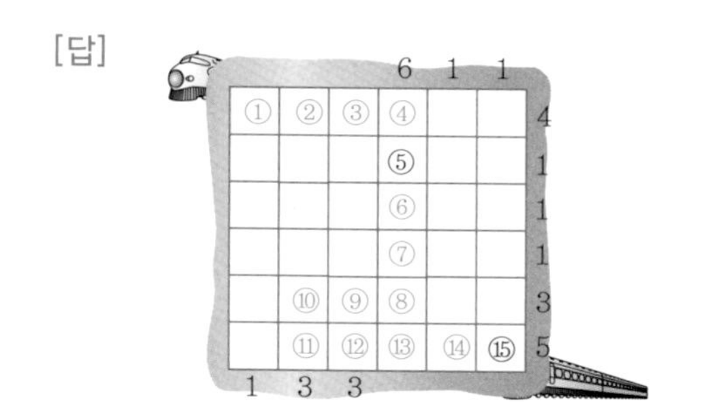

창의사고력 다지기 p.40~p.41

1

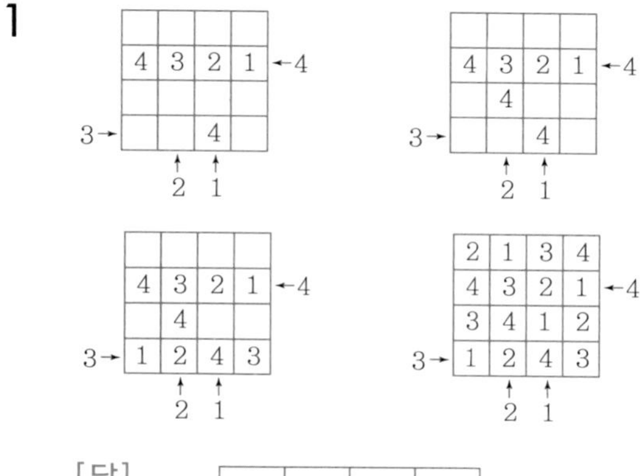

[답]

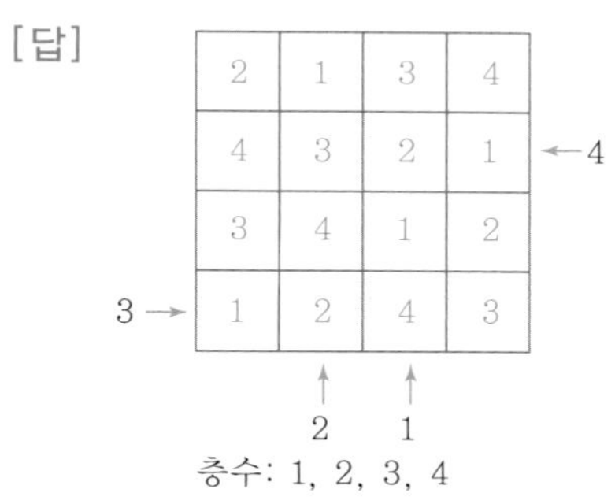

층수: 1, 2, 3, 4

2 [답]

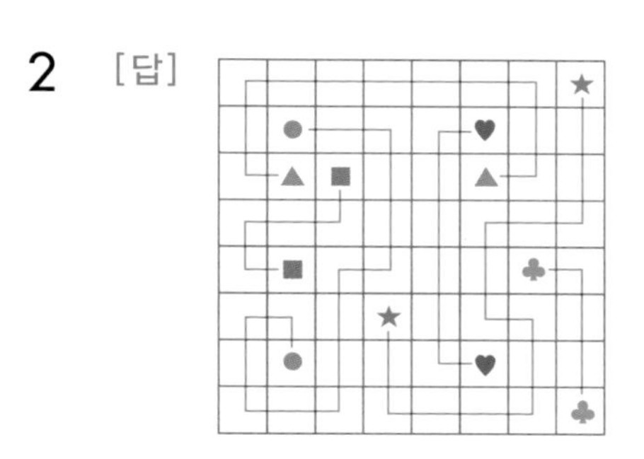

3 수 2가 쓰인 점과 같은 선 위에 있는 점과 사각형 가장자리에 있는 점은 목표점이 될 수 없습니다. 목표

점이 될 수 있는 점들을 찾아 4개의 점에서 출발하여 선분이 겹치지 않게 그을 수 있는지 확인합니다.

[답]

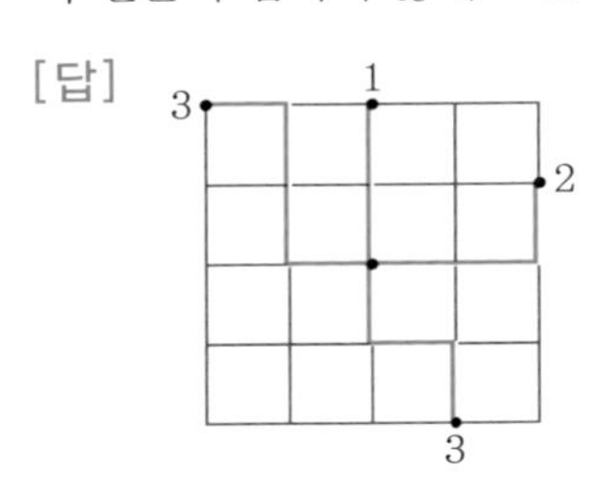

4 6이 있는 가로줄과 세로줄의 모든 칸에는 선이 지나갑니다. 주어진 수를 이용하여 선이 지나가는 칸과 지나가지 않는 칸을 표시하여 시작과 끝을 연결합니다.

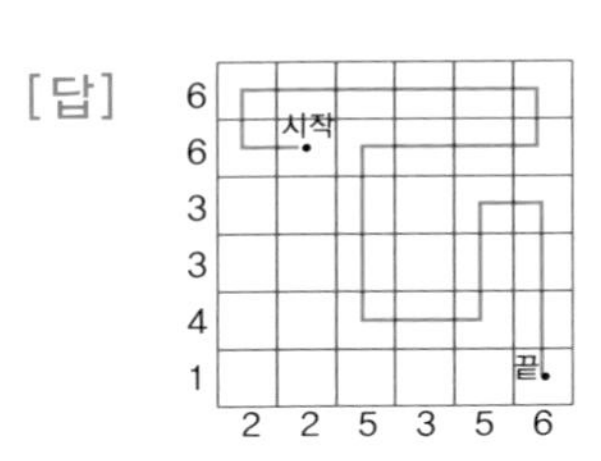

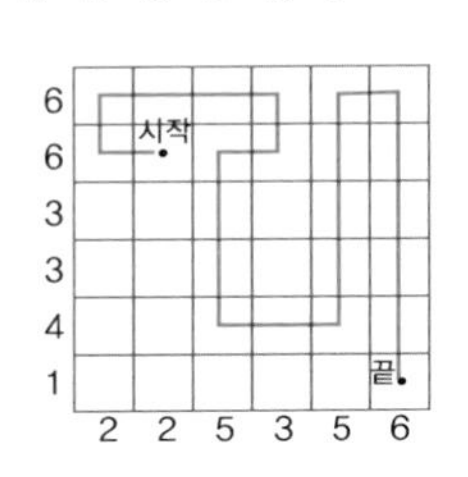

[답]

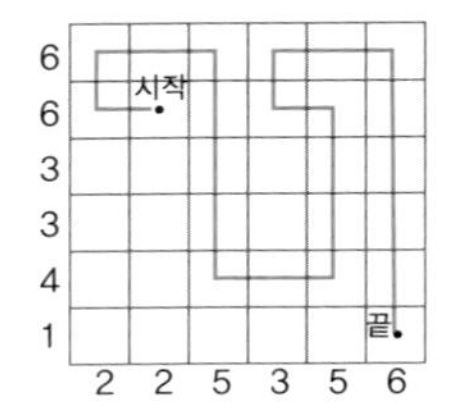

05 대칭성을 이용한 승리 전략 p.42~p.43

예제 [답] ① 먼저, 가운데 ② 점대칭
④ 먼저, 가운데

예제 [답] ① 3 ② 다른 ③ 먼저, (나), 2

유형 05-1 중심 찾기 p.44~p.45

1 [답]

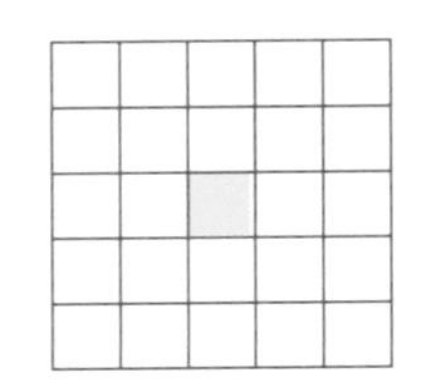

2 한가운데 칸을 포함하는 직사각형 모양을 모두 찾습니다.

[답]

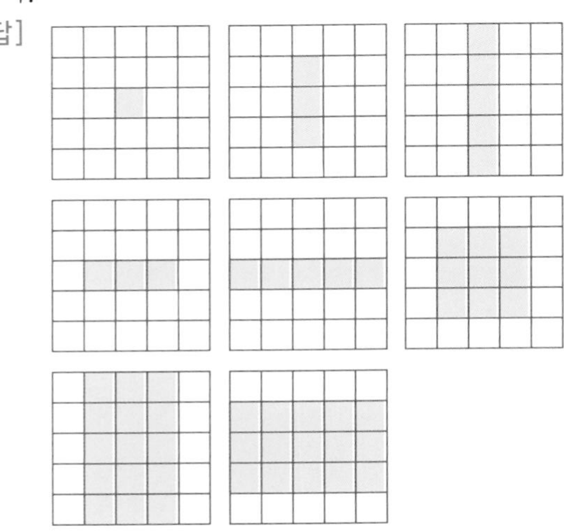

3 먼저 시작하여 **2**와 같이 한가운데 칸을 중심으로 점대칭이 되는 직사각형을 색칠한 후, 나중에 하는 사람이 칠하는 모양과 항상 대칭이 되게 색칠하면 반드시 이길 수 있습니다.

[답] 8가지

확인문제

1 '먼저 시작하는 사람이 그림과 같이 시계를 반으로 나누는 대칭축의 위치에 선분을 긋습니다. 그 다음 상대방이 어느 부분에 선분을 긋더라도 대칭축을 기준으로 대칭이 되는 위치에 선분을 그으면 마지막 선분을 그을 수 있습니다.

따라서 먼저 시작하는 사람이 게임에서 반드시 이길 수 있습니다.

[답] 먼저 시작하는 사람

2 [답] 먼저 시작하는 사람이 타일의 가운데 칸이 게임판의 가운데에 오도록 올려놓고, 상대방이 붙이는 타일과 대칭이 되는 곳에 올려놓으면 반드시 이기게 됩니다.

유형 05-2 구슬 옮기기 p.46~p.47

1 먼저 하는 사람이 검은색 구슬을 1칸 움직이면 나중에 하는 사람은 다른 줄의 흰색 구슬을 1칸 움직이고, 검은색 구슬을 2칸 움직이면 다른 줄의 흰색 구슬을 2칸 움직여 나중에 하는 사람이 이깁니다.
[답] 나중에 하는 사람

2 [답] 윗줄과 아랫줄의 남은 칸 수를 같게 하면 **1**의 상황이 되어 이길 수 있으므로 아랫줄의 흰색 구슬을 한 칸 움직여서 윗줄과 아랫줄에 남은 칸 수가 같도록 합니다.

3 [답] 남은 칸 수를 같게 하려면 아랫줄의 검은색 구슬을 2칸 움직여야 합니다. 그 이후부터 흰색 구슬이 움직이는 칸 수만큼 대칭이 되도록 그대로 따라 움직이면 항상 이길 수 있습니다.

4 [답] 게임판이 직사각형 모양이므로 흰 구슬과 검은 구슬 사이에 남아 있는 칸의 개수가 같습니다. 따라서 나중에 시작하여 윗줄과 아랫줄의 남은 칸 수가 같도록 만들면 게임에서 항상 이길 수 있습니다.

확인문제

1 마지막에 3칸을 남기면 이길 수 있고, 3칸을 남기기 위해서 그 전 차례에 6칸을 남겨야 합니다. 두 바둑돌이 움직일 수 있는 칸이 모두 6칸이므로 나중에 시작하여 상대방이 1칸을 옮기면 2칸, 2칸을 옮기면 1칸을 움직여서 항상 두 바둑돌 사이의 빈칸이 3의 배수가 되게 합니다.
[답] 나중에 시작하여 상대방이 1칸을 옮기면 2칸, 2칸을 옮기면 1칸을 움직여서 항상 두 바둑돌 사이의 빈칸이 3의 배수가 되게 합니다.

2 게임에서 이기기 위해서는 두 접시에 같은 개수의 바둑돌을 남겨 놓거나 한쪽 접시에만 4개의 바둑돌을 남겨 놓아야 하므로(상대방이 1개를 가져가면 나는 3개를 가져오고, 상대방이 2개를 가져가면 나는 2개를 가져오고, 상대방이 3개를 가져가면 내가 1개를 가져오면 이기게 됩니다.) (나) 접시에서 3개의 바둑돌을 먼저 가져오거나, (가) 접시에서 1개의 바둑돌을 먼저 가져오면 반드시 이길 수 있습니다.
[답] (나) 접시에서 바둑돌 3개,
또는 (가) 접시에서 바둑돌 1개

창의사고력 다지기 p.48~p.49

1 대칭성의 원리를 이용하여 두 개의 바구니에 같은 개수의 구슬을 남겨 놓은 뒤에, 상대방이 가져간 구슬의 개수만큼 가져가면 이기게 됩니다.
따라서 16개의 구슬이 든 바구니에서 5개의 구슬을 먼저 가져간 후에 상대방이 가져간 구슬의 수만큼 가져가면 반드시 이기게 됩니다.
[답] 16개의 구슬이 든 바구니에서 5개의 구슬을 먼저 가져간 후에 상대방이 가져간 구슬의 수만큼 가져가면 반드시 이기게 됩니다.

2 [답] 대칭의 중심이 칸이 아니므로, 나중에 시작하여 먼저 하는 사람이 놓은 조각과 대칭이 되도록 놓으면 이길 수 있습니다.

3 [답] 먼저 아랫줄의 검은색 바둑돌을 2칸 움직여서 윗줄과 아랫줄의 빈칸의 수를 같게 만든 후에 상대방의 움직임에 따라 윗줄과 아랫줄의 빈칸의 수가 같도록 만들면 반드시 이길 수 있습니다.

4 먼저 시작하는 사람이 양쪽의 점의 수가 같게 한 선분을 그어 나눕니다. 그러면 나중에 시작하는 사람이 어느 선분을 긋더라도 오른쪽 그림과 같이 대칭성의 원리를 이용하여 상대방이 그은 선분에 대칭되는 선분을 그으면 반드시 이기게 됩니다. 따라서 먼저 시작하여 양쪽의 점의 수가 같게 선분을 긋고, 이 선분을 중심으로 상대방이 그은 선분과 대칭이 되도록 그어나가면 반드시 이기게 됩니다.

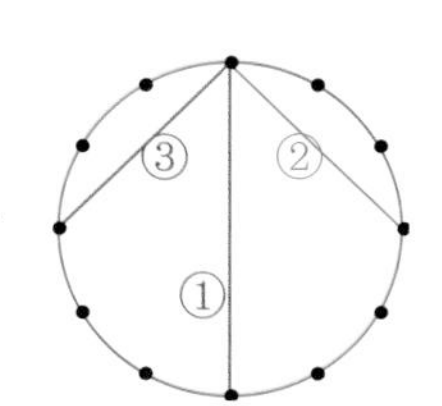

[답] 먼저 시작하여 양쪽의 점의 수가 같게 선분을 긋고, 이 선분을 중심으로 상대방이 그은 선분과 대칭이 되도록 그어나가면 반드시 이깁니다.

06 성냥개비 퍼즐 p.50~p.51

예제 [답] ① 4, 5, 6, 3, 7, 6 ② 0, 6 ③ 8
④ 2, 3, 5, 3, 5

유제 성냥개비 숫자 3은 5개의 성냥개비로 만들어져 있으므로 성냥개비 하나를 옮겨서 만들 수 있는 숫자는 2와 5입니다. 숫자 0은 성냥개비 6개로 만든 숫자이므로 성냥개비 하나를 옮겨서 6과 9를 만들 수 있습니다.

[답] 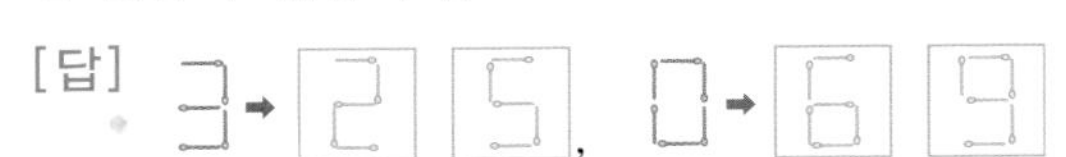

예제 [답] ①, 2, 2
②, 12, 3
③, 8, 2

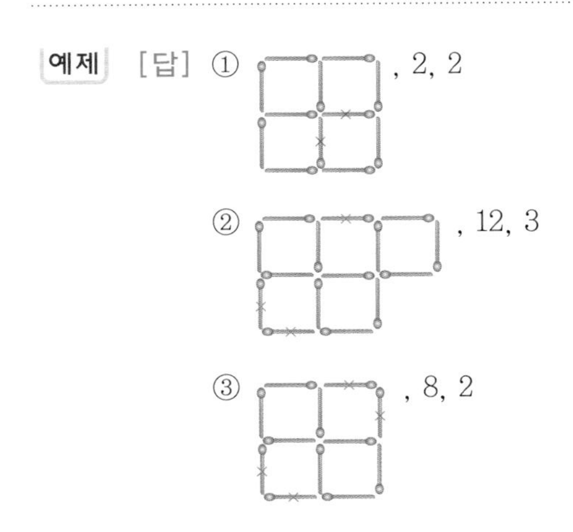

유형 06-1 성냥개비 계산식 p.52~p.53

1 한 개를 더했을 때: 28, 한 개를 뺐을 때: 26

[답] 28, 25

2 한 개를 더했을 때: 17, 한 개를 뺐을 때: 11

[답] 77, 11

3 한 개를 더했을 때: 19, 15, 75

[답] 19, 16, 75

4 17의 성냥개비를 한 개 빼서 11로 만든 후 26에서 빼면 15입니다.

[답] 26－11＝15

확인문제

1 계산 결과가 작으므로 덧셈을 뺄셈으로 바꾸는 경우를 생각합니다.

18＋15＝3, 19＋16＝3

[답] 18－15＝3 또는 19－16＝3

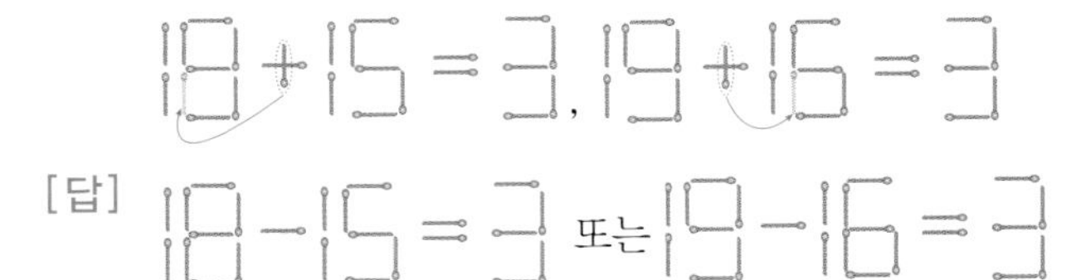

2 성냥개비 한 개를 옮겨서 연산 기호 '×'를 바꿀 수 없으므로 수를 바꾸어야 합니다.
24와 6에서 성냥개비 1개를 더하거나 빼서 숫자를 만들 수 있는 경우는 6에 성냥개비 하나를 더하여 8을 만드는 것입니다. $24\times8=192$이므로 182의 8에서 성냥개비 하나를 빼서 6을 8로 만들면 됩니다.

24×6＝182 ➡ 24×8＝192

[답] 24×8＝192

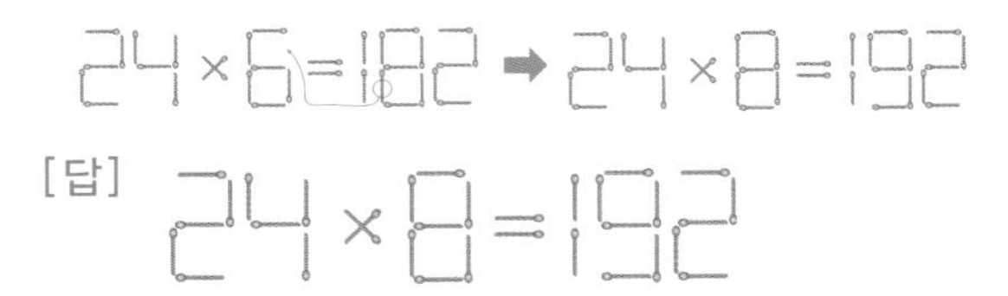

유형 06-2 성냥개비 퍼즐(넓이) p.54~p.55

1 [답]

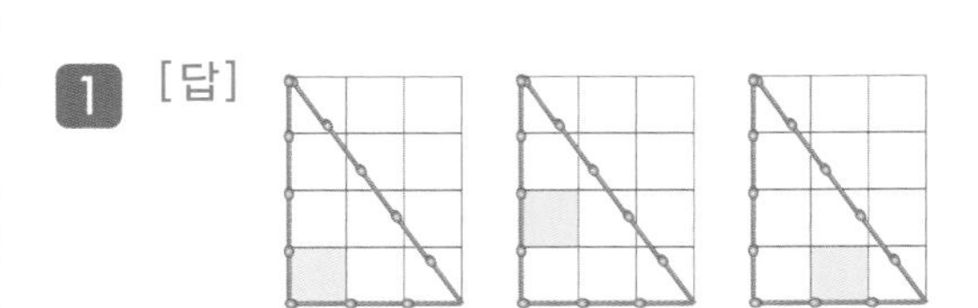

2 [답]

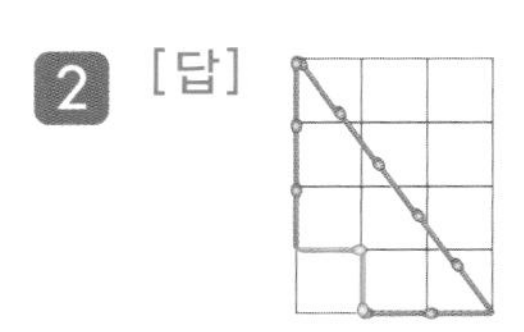

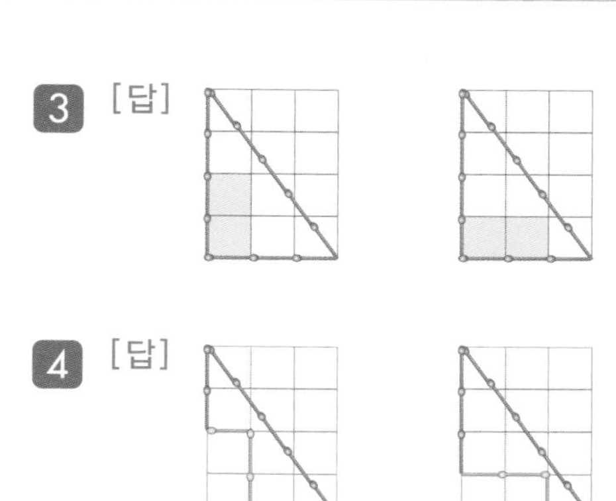

1

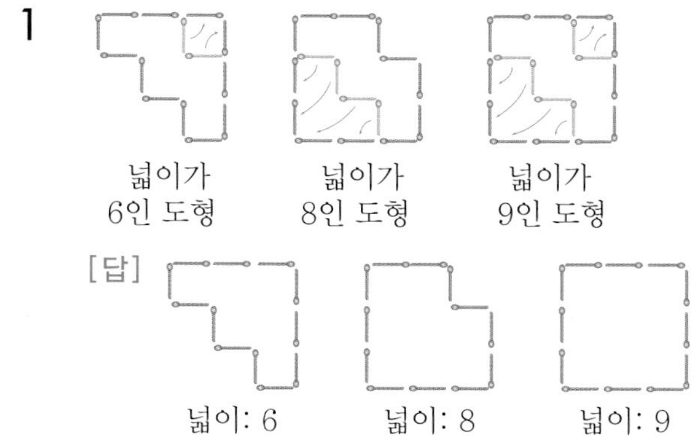

2 넓이가 4인 도형

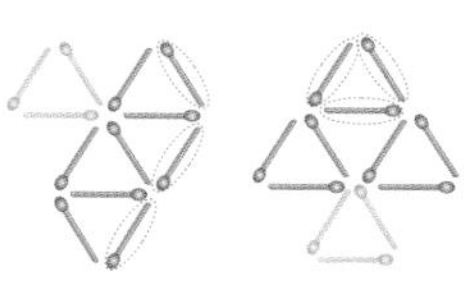

넓이가 5인 도형

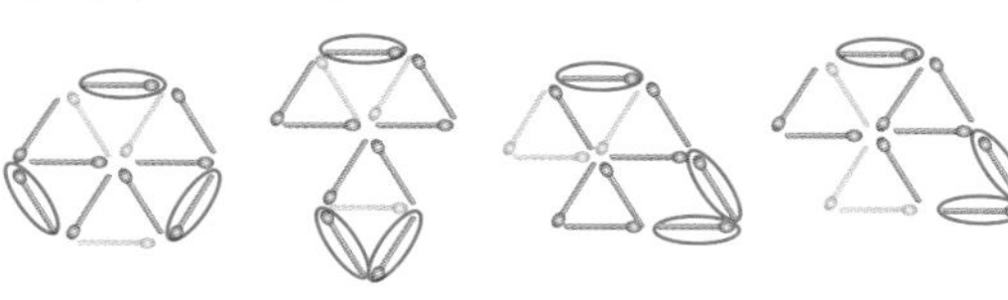

넓이가 6인 도형

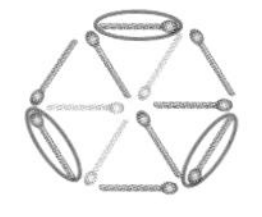

[답] 풀이 참조

창의사고력 다지기 p.56~p.57

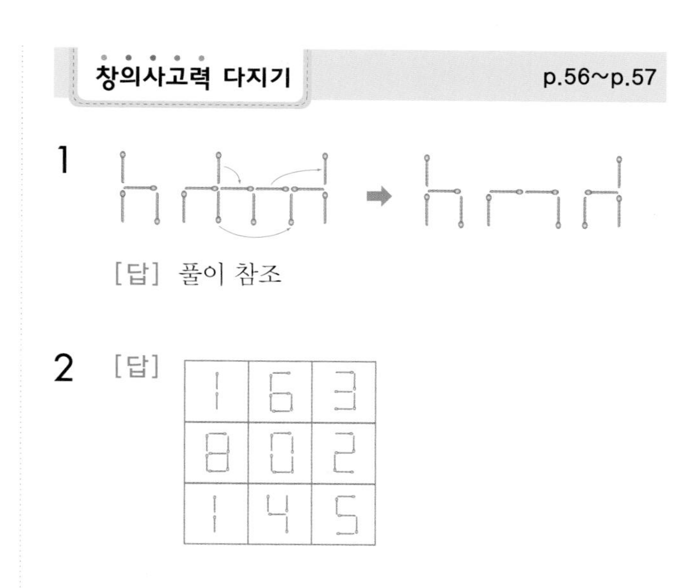

1
[답] 풀이 참조
2 [답]
1 6 3
8 0 2
1 4 5

3 성냥개비 26개에서 10개를 빼면 16개가 남으므로 변이 겹치지 않는 4개의 정사각형을 남기면 됩니다. 이외에도 여러 가지 경우가 있습니다.

[답]

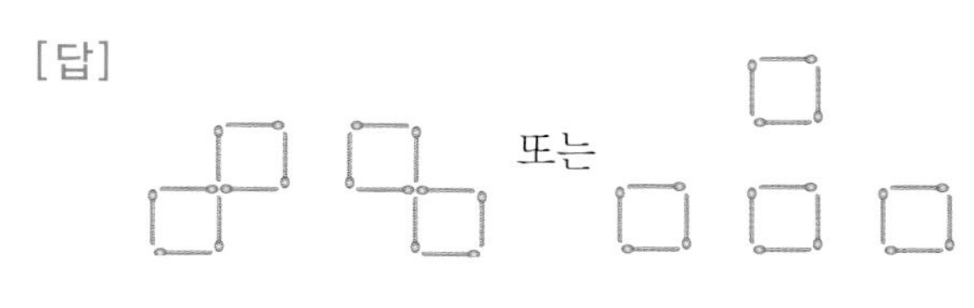

4

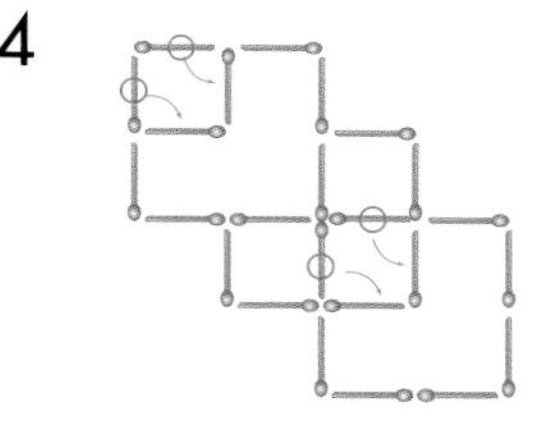

넓이가 3인 도형 3개의 넓이의 합은 9이므로 먼저 2개의 성냥개비를 옮겨서 전체 넓이가 9가 되게 만든 다음, 같은 모양 3개가 되도록 안쪽의 성냥개비를 옮깁니다.

[답]

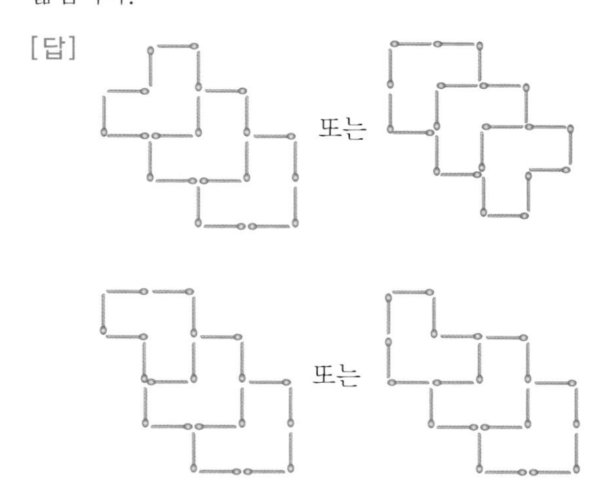

Ⅲ 도형

07 직육면체와 정육면체 p.60~p.61

예제 [답] 1, ⑤

유제 [답]

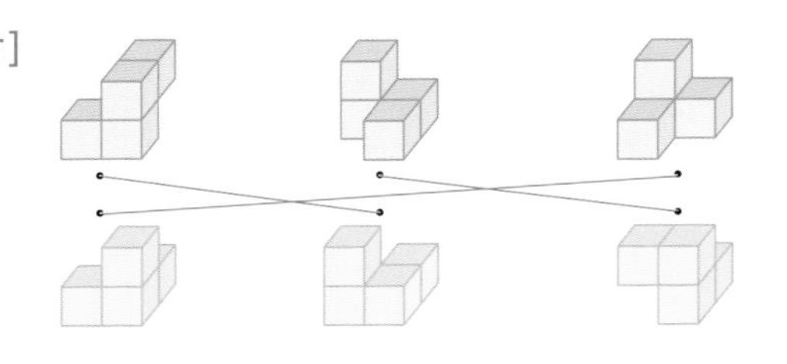

예제 [답 ① 꼭짓점, 8
② 1, 12, 12
③ 면, 1, 면, 6, 6
④ 27, 8, 12, 6, 1

유제 긴 모서리 부분의 정육면체 개수와 같으므로 모두 4개입니다.
[답] 4개

유형 07-1 정육면체의 마주 보는 면 찾기 p.62~p.63

1 면 가와 한 꼭짓점에서 만나는 면은 나, 다, 라, 바입니다. 따라서 면 가와 마주 보는 면은 면 마입니다.
[답] • 꼭짓점: 면 나, 면 다, 면 라, 면 바
• 마주 보는 면: 면 마

2 면 다와 한 꼭짓점에서 만나는 면은 가, 나, 라, 마입니다. 따라서 면 다와 마주 보는 면은 면 바입니다.
[답] • 꼭짓점에서 만나는 면:
면 가, 면 나, 면 라, 면 마
• 마주 보는 면: 면 바

3 서로 마주 보는 면은 (가, 마), (다, 바), (나, 라)입니다. 따라서 면 나와 마주 보는 면은 면 라입니다.
[답] • 마주 보는 면: 면 가와 면 마, 면 다와 면 바,
면 나와 면 라
• 면 나와 마주 보는 면: 면 라

확인문제

1 한 꼭짓점에서 만나는 세 면은 서로 마주 볼 수 없습니다. 스위스는 프랑스, 일본, 독일, 미국과 한 꼭짓점에서 만나므로 마주 보는 면은 호주입니다.
독일은 스위스, 미국, 호주, 프랑스와 한 꼭짓점에서 만나므로 마주 보는 면은 일본입니다. 따라서 프랑스는 미국과 마주 보게 됩니다.
[답] (스위스, 호주), (독일, 일본), (프랑스, 미국)

2 [답]

유형 07-2 색칠된 정육면체 자르기 p.64~p.65

1 정육면체의 꼭짓점의 개수는 8개이므로 세 면이 칠해진 작은 정육면체는 8개입니다.
[답] 8개

2 정육면체의 모서리의 개수는 12개이고, 각 모서리에는 두 면이 칠해진 작은 정육면체가 3개씩 있으므로 모두 $12\times3=36$(개)입니다.
[답] 36개

3 정육면체의 면의 개수는 6개이고, 각 면에는 한 면만 색칠된 작은 정육면체가 9개씩 있으므로 모두 $6\times9=54$(개)입니다.
[답] 54개

4 125개의 작은 정육면체에서 색칠된 면이 있는 겉면의 작은 정육면체의 개수를 빼면 $125-8-36-54=27$(개)입니다.
[답] 27개

1 정육면체는 모서리가 12개이고, 두 면이 색칠된 작은 정육면체는 각 모서리에 2개씩 있으므로 모두 $12\times2=24$(개)입니다.

[답] 24개

2 한 면만 색칠된 150개의 작은 정육면체는 큰 정육면체의 6개의 면에 있으므로 큰 정육면체의 한 면에는 한 면만 칠해진 작은 정육면체가 $150\div6=25$(개) 있습니다.

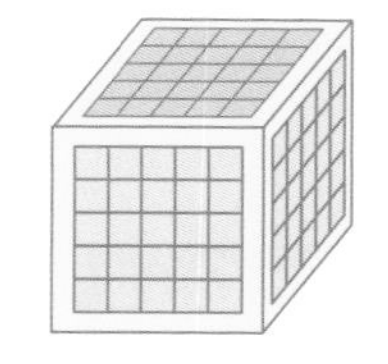

따라서 작은 정육면체는 큰 정육면체의 가로, 세로, 높이에 각각 7개씩 있으므로 모두 $7\times7\times7=343$(개)입니다.

[답] 343개

창의사고력 다지기 p.66~p.67

1 주어진 도형의 공통점을 찾으면 모든 도형이

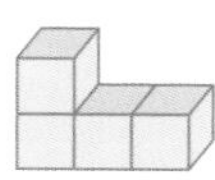 모양을 가지고 있습니다.

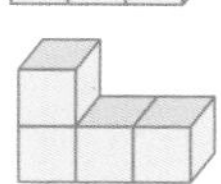 모양에 나머지 1개의 정육면체를 붙인 위치를 살펴보면 위치가 다른 하나는 ②입니다.

[답] ②

2 숫자 5는 3, 8, 4, 6과 마주 보는 면이 아니므로 마주 보는 면은 7입니다. (5 ↔ 7)
숫자 8은 3, 5, 4, 7과 마주 보는 면이 아니므로 마주 보는 면은 6입니다. (8 ↔ 6)
따라서 숫자 3과 마주 보는 면에 쓰인 숫자는 4입니다.
[답] 4

3

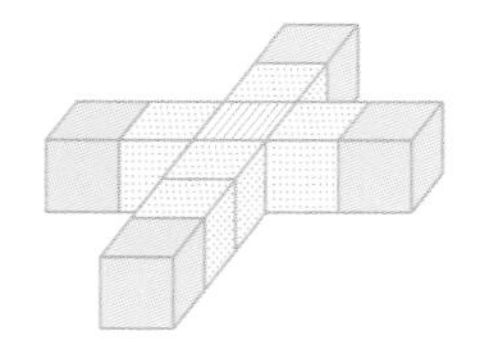

위의 도형에서 [그림]은 두 면, [그림]은 다섯 면, [그림]은 네 면이 색칠됩니다.
[답] 5개

4 색칠된 면이 2개인 정육면체의 개수: 정육면체의 모서리가 12개이고, 각 모서리에 10개씩의 작은 정육면체가 있으므로 모두 $12\times10=120$(개)입니다.
색칠된 면이 한 개도 없는 정육면체의 개수: 겉면을 뺀 나머지 정육면체의 개수와 같으므로 가로 10개, 세로 10개, 높이 10개를 쌓아 만든 정육면체의 개수와 같습니다. 따라서 모두 $10\times10\times10=1000$(개)입니다.

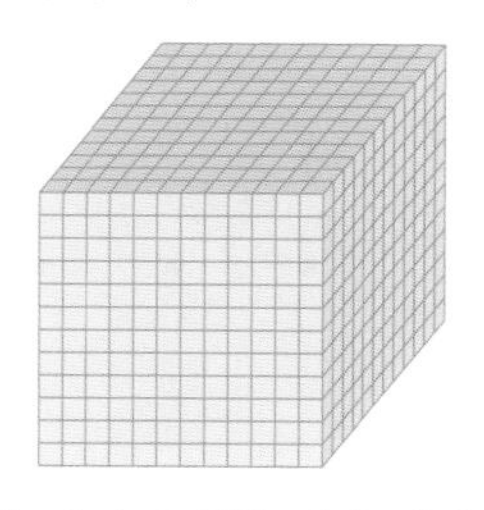

[답] 색칠된 면이 2개인 정육면체: 120개
색칠된 면이 한 개도 없는 정육면체: 1000개

08 전개도 p.68~p.69

예제 [답] ① 3, ㉠ ② 2, ㉣ ③ ㉠, ㉣

유제 ①, ⑧에 정사각형을 그리면 세 면이 겹쳐지는 모양이 되고, ④, ⑥, ⑨는 한 점에 4개의 면이 모이게 되므로 전개도를 그릴 수 없습니다.
따라서 정육면체의 전개도가 되려면 ②, ③, ⑤, ⑦에 하나의 정사각형을 그려 넣어야 합니다.
[답] ②, ③, ⑤, ⑦

예제 [답] ① 6, ② 세, 8,

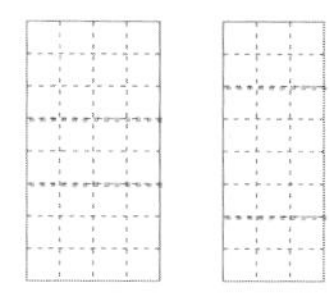

③

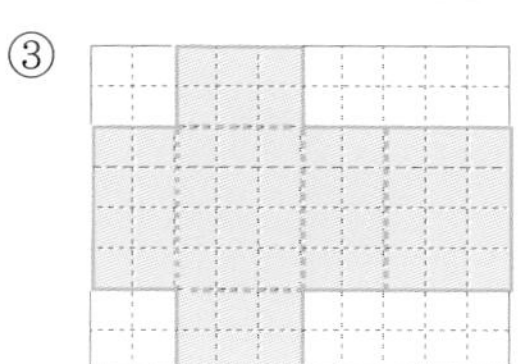

유형 08-1 전개도의 활용 p.70~p.71

1 [답]

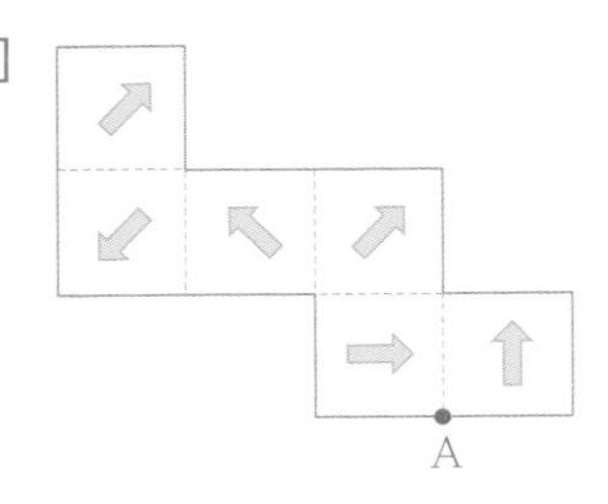

2 [답]

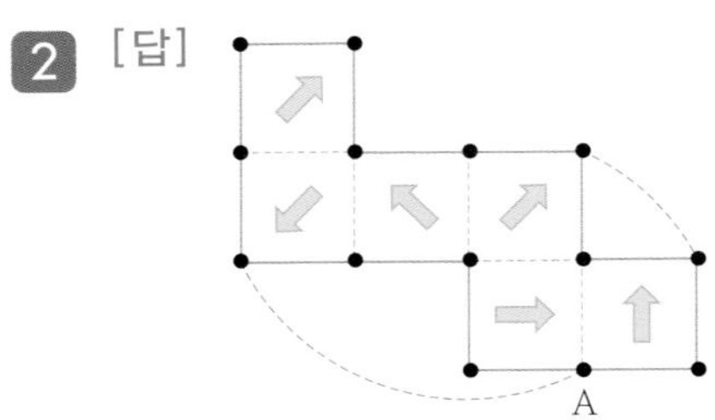

3 [답]

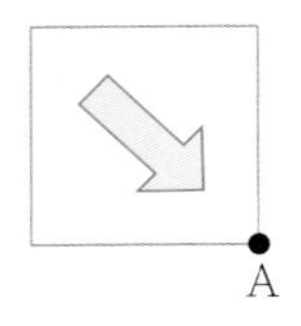

확인문제

1

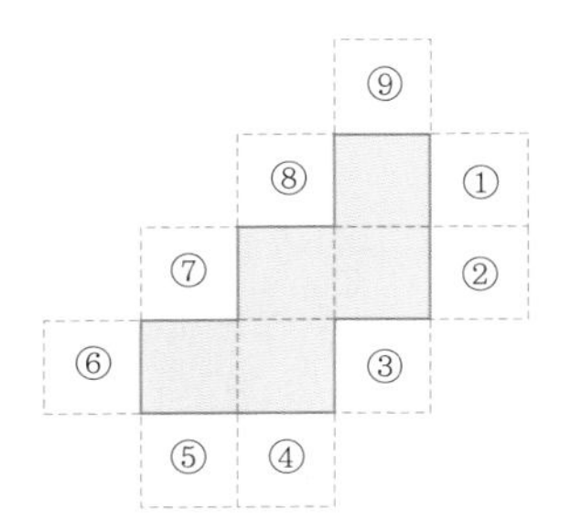

①, ②, ④, ⑤에 각각 정사각형을 1개 붙인 모양의 전개도를 그릴 수 있으므로 모두 4가지입니다. ③, ⑦, ⑧에 정사각형을 붙인 모양은 한 꼭짓점에서 4개의 면이 모이므로 전개도가 될 수 없고, ⑥, ⑨에 정사각형을 붙인 모양은 면이 겹쳐지게 되므로 전개도가 될 수 없습니다.
[답] 4가지

2 [답] (1)

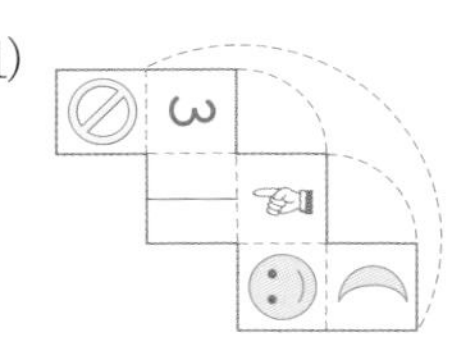

(2)

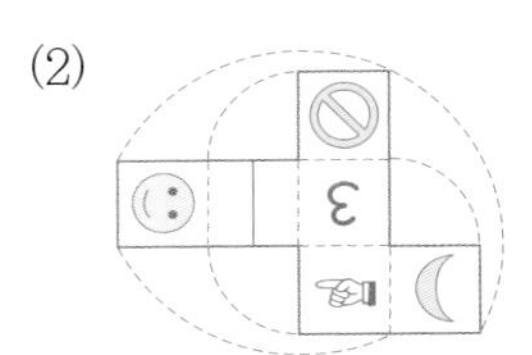

(3)

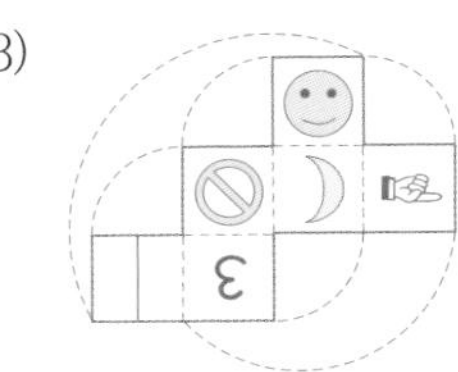

유형 08-2 직육면체의 전개도의 둘레 p.72~p.73

1 ① $10+10-3\times2=14$, ② $10+10-2\times2=16$
[답] ① 14, ② 16 ; ①의 둘레의 길이가 더 짧습니다.

2 [답]

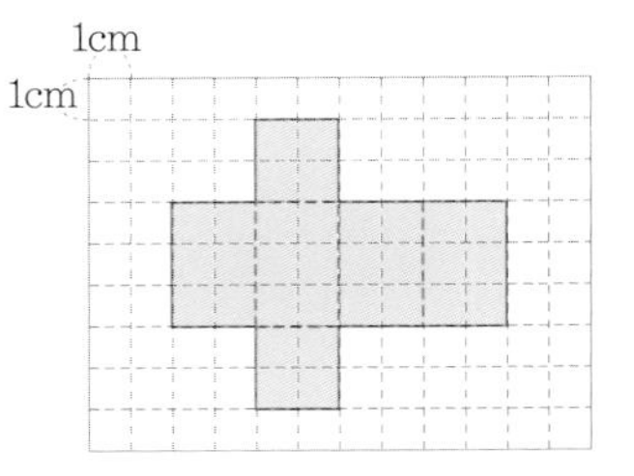

둘레의 길이: 30

확인문제

1 짧은 변끼리 이어 붙인 전개도의 둘레의 길이 2cm는 가로 10cm, 세로 8cm인 직사각형의 둘레와 같으므로 $(10+8)\times2=36$(cm)입니다.

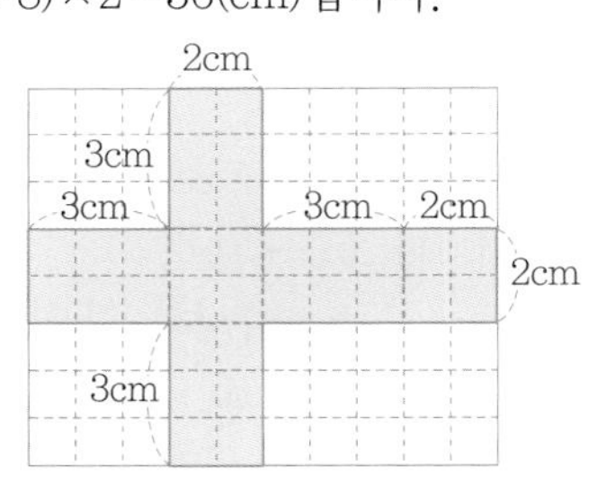

[답] 36cm

2

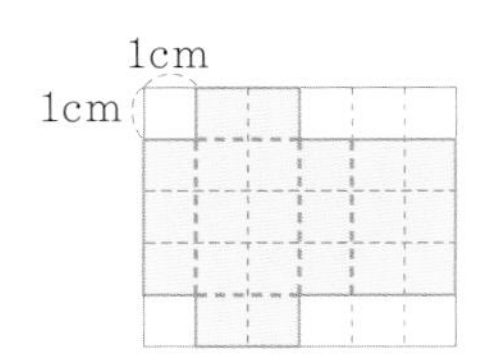

➡ $6\times5=30(cm^2)$
[답] $30cm^2$

창의사고력 다지기 p.74~p.75

1 합이 가장 큰 것을 찾기 위해 가장 큰 수부터 차례로 색칠해 봅니다.

1	12	11	10
2	13	16	9
3	14	15	8
4	5	6	7

➡ $11+10+16+14+15+6=72$
[답] 72

2 [답]

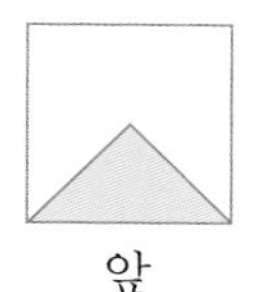
앞

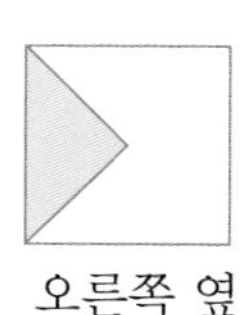
오른쪽 옆

3

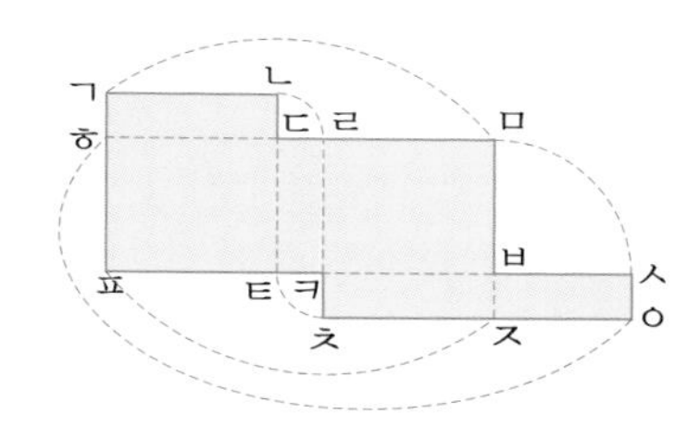

전개도를 접었을 때, 서로 맞닿는 꼭짓점을 연결하면 점 ㄱ은 점 ㅁ, 점 ㅅ과 만납니다.
[답] 점 ㅁ, 점 ㅅ

4 직사각형의 넓이가 가장 작게 되려면 길이가 긴 변을 가장 많이 이어 붙여야 합니다.
그리려는 직육면체의 여섯 면은

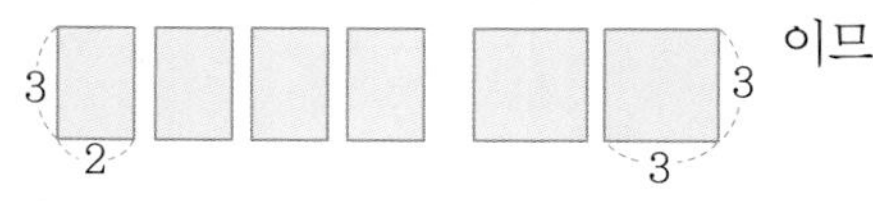

이므로

이 중, 네 변을 사용하여 긴 변을 붙이는 방법은 다음의 2가지입니다.

①
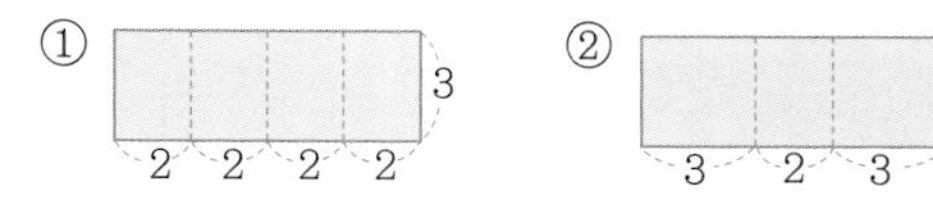

②

①은 남은 두 면을 붙여 전개도를 만들 수 없으므로 ②에 남은 두 면을 붙여 넓이가 가장 작은 직사각형을 만들면 그 넓이는 $10\times7=70(cm^2)$입니다.

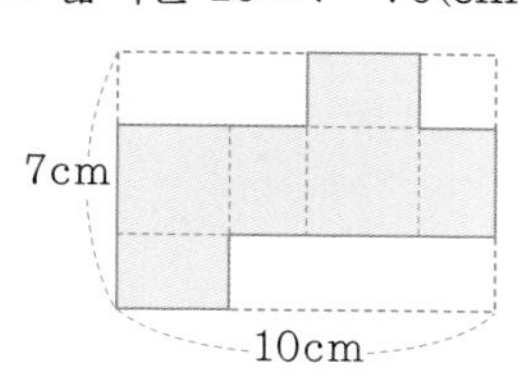

[답] $70cm^2$

09 주사위의 칠점 원리 p.76~p.77

예제 [답] ① 5 ② 5, 2

유제 [답]

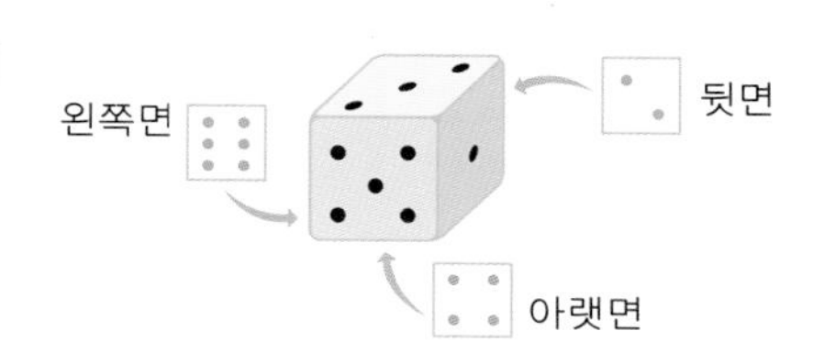

예제 [답] ① 3, 1, 2, 4, 5, 6, 18
② 7, 21, 7, 14
③ 18, 14, 32

유제 주사위 1개의 면의 눈의 합은 21이고, 보이지 않는 면의 눈의 합은 $5+3=8$이므로 두 주사위의 겉면에 보이는 눈의 합은 $21\times2-8=34$입니다.
[답] 34

유형 09-1 칠점 원리의 활용 p.78~p.79

1 ① 주사위의 오른쪽 면의 눈이 5이므로 붙어 있는 면의 눈은 칠점 원리에 의해 2가 됩니다. 또한 맞닿은 면의 눈의 같다고 했으므로 ② 주사위의 오른쪽 면의 눈의 수도 2입니다.
[답] 2

2 윗면의 눈이 4이므로 바닥면의 눈의 수는 3입니다.
[답] 3

3 왼쪽 주사위와 같은 모양으로 눈의 수를 배열하면 ② 주사위의 앞면의 눈은 6이 되므로 맞닿은 면인 ③ 주사위의 붙어 있는 면의 눈의 수도 6이 됩니다.
[답] 6

4 왼쪽 주사위와 같은 모양으로 눈의 수를 배열하면 ③ 주사위의 바닥면의 눈의 수는 2가 됩니다.
[답] 2

5 바닥면의 눈이 2이므로 칠점 원리에 의해 윗면인 면 (가)의 눈의 수는 5입니다.
[답] 5

확인문제

1 가장 위에 있는 주사위를 제외한 나머지 4개의 주사위의 바닥면과 윗면의 눈의 합은 7이고, 가장 위에 있는 주사위의 바닥면의 눈은 윗면의 눈이 5이므로 칠점 원리에 의해 2가 됩니다. 따라서 보이지 않는 면의 눈의 수의 합은 $7\times4+2=30$입니다.
[답] 30

2

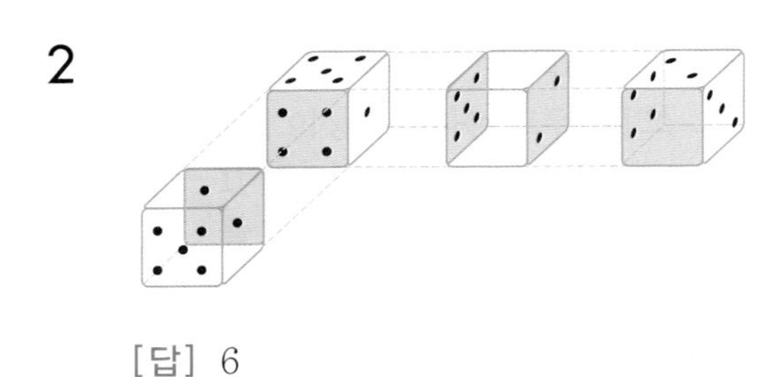

[답] 6

유형 09-2 주사위 4개 붙이기 p.80~p.81

1 $1+2+3+4+5+6=21$
[답] 21

2 붙어 있는 면의 눈의 합이 가장 작아야 하므로 ③ 주사위에 붙어 있는 ①, ②, ④ 주사위의 면의 눈의 합은 $1+1+1=3$입니다.
[답] 3

3 ③ 주사위의 두 옆면의 눈의 합은 7이고, 윗면의 눈은 1이므로 붙어 있는 세 면의 눈의 합은 $7+1=8$입니다.
[답] 8

4 주사위 4개의 눈의 합은 $21\times4=84$이고, 붙어 있는 면의 눈의 합은 $3+8=11$이므로 겉면의 눈의 합은 $84-11=73$입니다.
[답] 73

1 겉면의 눈의 합이 가장 작으려면 붙어 있는 면의 눈의 합이 가장 커야 하므로 ①, ④ 주사위의 붙어 있는 면의 눈은 각각 6이어야 합니다. ③ 주사위의 붙어 있는 면의 눈의 합은 7이고, ② 주사위의 붙어 있는 면의 눈은 각각 5와 6일 때 가장 큽니다.

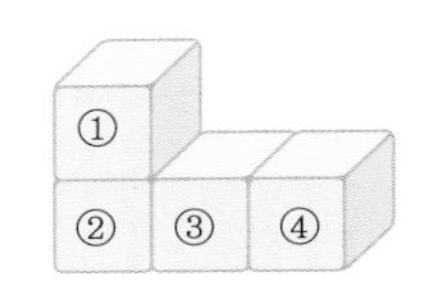

따라서 붙어 있는 면의 눈의 합은
$6+6+7+(5+6)=30$이므로 겉면에 있는 눈의 합은
$21\times4-30=54$입니다.
[답] 54

2 맞닿은 면의 눈의 합이 가장 작으려면 ①, ②, ③ 주사위의 맞닿은 두 면은 각각 1과 2이고, ⑤ 주사위의 붙어 있는 면은 1, ④ 주사위의 맞닿은 세 면 중 마주 보는 두 면의 눈의 합은 7이고, 나머지 한 면은 1이므로 붙어 있는 면의 눈의 합은 $(1+2)\times3+(1+7)+1=18$입니다.

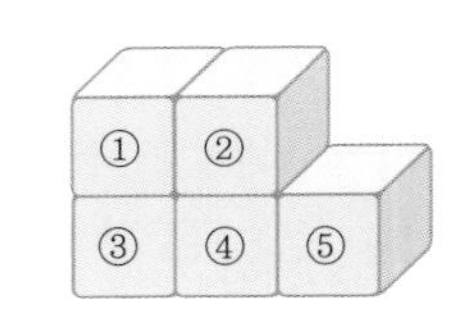

따라서 겉면에 있는 눈의 합이 가장 클 때의 값은
$21\times5-18=87$입니다.
[답] 87

창의사고력 다지기 p.82~p.83

1 [답] (1)

(2)

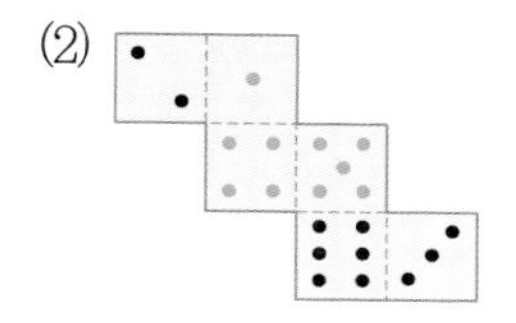

2

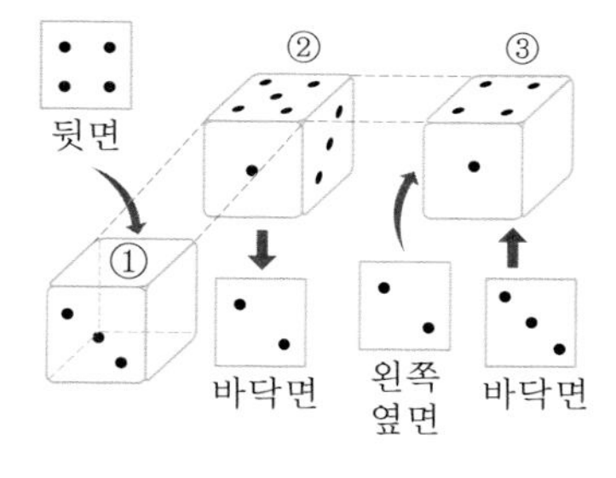

① 주사위의 뒷면은 칠점 원리에 의해 4이고, 맞닿은 면의 눈의 합은 5이므로 ② 주사위의 옆면의 눈은 1입니다. 칠점 원리에 의해 ② 주사위의 바닥면의 눈은 2이고, 오른쪽 면의 눈은 3이 됩니다. ③ 주사위의 왼쪽면은 2, 바닥면은 3이므로 앞면은 1이 됩니다.

[답] 1

3

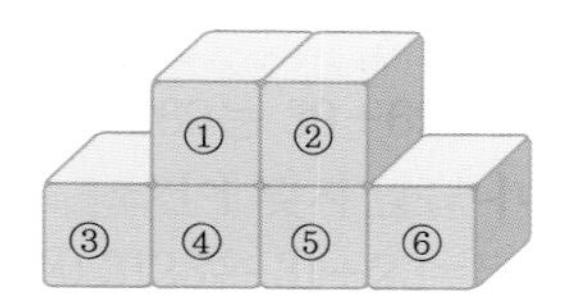

겉면의 눈이 합이 가장 작으려면 맞닿은 면의 눈의 합이 가장 커야 하므로 ③, ⑥ 주사위의 맞닿은 면의 눈은 6이 되어야 합니다. ④, ⑤ 주사위의 맞닿은 세 면 중 마주 보는 두 면의 눈의 합은 칠점 원리에 의해 7이 되고, 윗면의 눈은 각각 6이 되어야 합니다. ①, ② 주사위의 맞닿은 두 면의 눈은 각각 5와 6이 됩니다.

따라서 맞닿은 면의 눈의 합은

$6+6+(7+6)\times2+(5+6)\times2=60$이므로

겉면의 눈의 합은 $21\times6-60=66$입니다.

[답] 66

4

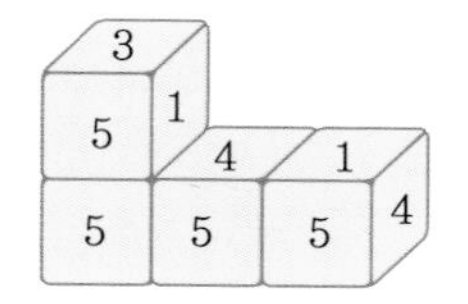

입체도형은 위의 모양과 같으므로 칠점 원리에 의해 가장 오른쪽 주사위의 맞닿은 면의 눈은 3이 되고, 1층의 가운데 주사위의 맞닿은 면의 눈의 합은 7, 가장 왼쪽의 위에 있는 주사위의 맞닿은 면은 4입니다. 왼쪽 아래에 주사위의 맞닿은 두 면의 눈은 2와 5를 제외한 모든 수가 될 수 있으므로 맞닿은 면의 눈의 합이 가장 큰 경우에는 4와 6, 가장 작은 경우에는 1과 3이 됩니다.

따라서 주사위의 맞닿은 면의 눈의 합이 가장 큰 경우는 $3+4+7+4+6=24$가 되고, 가장 작은 경우는 $3+4+7+1+3=18$입니다.

[답] 가장 큰 경우: 24, 가장 작은 경우: 18

Ⅳ 규칙과 문제해결력

10 여러 가지 수열 p.86~p.87

예제 [답] ① 4
② 4, 4, 4, 4, 4; 30, 121; 30

유제 더해지는 수가 2씩 늘어나는 수열입니다.
2, 4, 8, 14, 22, 32, 44, …
(+2 +4 +6 +8 +10 +12)
따라서 12째 번 수는
$44+(14+16+18+20+22)=134$입니다.
[답] 134

예제 [답] ② 16, 48, 17
③ 17, 18
④ 18

유제 수열을 3개씩 괄호로 묶어 보면 다음과 같습니다.
(1, 2, 3), (3, 4, 5), (5, 6, 7), …
각 묶음의 첫째 번 수는 2씩 늘어나고, 각 묶음 안에서는 1씩 늘어납니다.
따라서 20째 번 수는 $20\div3=6 \cdots 2$에서 7째 번 묶음의 둘째 번 수입니다.
7째 번 묶음의 첫째 번 수는
$1+(2+2+2+2+2+2)=13$이므로 둘째 번 수는 $13+1=14$입니다.
[답] 14

유형 10-1 규칙이 2개 이상 섞여 있는 수열 p.88~p.89

1 [답] 6, 7 ; 12, 14

2 홀수째 번 수들은 1씩 커지고 있으므로 30은 30째 번 수입니다.
[답] 30째 번

3 짝수째 번 수들은 2씩 커지고 있으므로 30은 15째 번 수입니다.
[답] 15째 번

4 $30\times2-1=59$(째 번), $15\times2=30$(째 번)
[답] 59째 번, 30째 번

5 100째 번 수는 짝수째 번 수의 50째 번 수이므로 $50\times2=100$입니다.
[답] 100

확인문제

1 홀수째 번 수와 짝수째 번 수로 나누어 규칙을 찾아 봅니다.
- 홀수째 번 수: 1, 2, 4, 8, 16, …
- 짝수째 번 수: 1, 4, 7, 10, 13, …

홀수째 번 수는 2씩 곱하는 규칙을, 짝수째 번 수는 3씩 더하는 규칙을 가집니다.
64는 홀수째 번 수에서는 $1\times2\times2\times2\times2\times2\times2=64$이므로 7째 번에 나오고, 짝수째 번 수에서는 $1+3\times21=64$이므로 22째 번에 나옵니다.
따라서 64는 홀수째 번 수의 7째 번 수이므로 $2\times7-1=13$(째 번)에 나오고,
짝수째 번 수의 22째 번 수이므로 $2\times22=44$(째 번)에 나옵니다.
[답] 13째 번, 44째 번

2 분자는 1씩 늘어나고, 분모는 더하는 수가 1, 2, 3, 4,…로 규칙적으로 변하는 수열입니다.

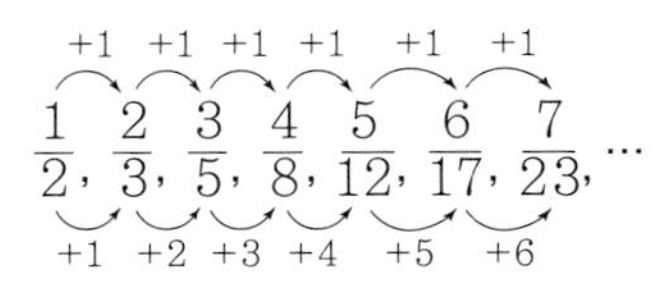

따라서 14째 번에 오는 분수의 분자는 14이고, 분모는 $2+(1+2+3+\cdots+13)=93$입니다.
[답] $\frac{14}{93}$

유형 10-2 묶음 안에 규칙이 있는 수열 p.90~p.91

1 [답]

$\boxed{\frac{1}{1}}, \boxed{\frac{1}{2}, \frac{2}{1}}, \boxed{\frac{1}{3}, \frac{2}{2}, \frac{3}{1}}, \boxed{\frac{1}{4}, \frac{2}{3}, \frac{3}{2}, \frac{4}{1}}, \cdots$

↑2 ↑3 ↑4 ↑5

2 [답] 8

3 [답] 분자는 1씩 늘어나고, 분모는 1씩 줄어듭니다.

4

묶음	첫째 번	둘째 번	셋째 번	넷째 번	다섯째 번	여섯째 번
분자 분모의 합	2	3	4	5	6	7
묶음 안의 분수의 개수	1	2	3	4	5	6

[답] 일곱째 번

5 일곱째 번 묶음: $\frac{1}{7}, \frac{2}{6}, \frac{3}{5}, \frac{4}{4}, \frac{5}{3}, \frac{6}{2}, \frac{7}{1}$

[답] $\frac{1}{7}$, 둘째 번

6 (1+2+3+4+5+6)+2=23(째 번)

[답] 23째 번

확인문제

1 쌍을 이루고 있는 규칙을 찾아보면 두 수의 합과 관계가 있습니다.

(1, 1), (1, 2), (2, 1), (1, 3), (2, 2), (3, 1), ⋯

합: 2 3 4

개수: 1개 2개 3개

따라서 (4, 6)은 합이 10인 묶음의 4째 번에 나오고, 합이 9인 묶음까지

1+2+3+4+5+6+7+8=36(개)의 쌍이 있으므로 (4, 6)은 40째 번에 있습니다.

[답] 40째 번

2 분모와 분자의 규칙을 찾아보면 분모와 분자의 합과 관계가 있습니다.

$(\frac{1}{1}), (\frac{3}{1}, \frac{2}{2}, \frac{1}{3}), (\frac{5}{1}, \frac{4}{2}, \frac{3}{3}, \frac{2}{4}), \cdots$

합: 2 4 6

개수: 1개 3개 5개

4째 번 묶음까지 1+3+5+7=16(개)의 분수가 있으므로 23째 번 수는 5째 번 묶음에 있습니다.

5째 번 묶음의 분수는 분자, 분모의 합이 10이고, 개수는 9개이므로 $\frac{9}{1}, \frac{8}{2}, \frac{7}{3}, \frac{6}{4}, \frac{5}{5}, \frac{4}{6}, \frac{3}{7}, \frac{2}{8}, \frac{1}{9}$입니다.

따라서 23째 번 수는 5째 번 묶음의 7째 번 수이므로 $\frac{3}{7}$입니다.

[답] $\frac{3}{7}$

창의사고력 다지기 p.92~p.93

1 접은 횟수와 색종이가 등분된 수와의 관계는 다음과 같습니다.

접은 횟수(번)	1	2	3	4	⋯
등분된 개수(등분)	2	4	8	16	⋯

따라서 10번 접었을 때 등분된 수는

$\underbrace{2\times2\times2\times\cdots\times2}_{10번}$=1024(등분)입니다.

[답] 1024등분

2 각 묶음의 첫째 번 수는 각 묶음이 놓여 있는 순서와 같습니다.

각 묶음별로 규칙을 찾아보면 첫째 번 묶음은 1씩, 둘째 번 묶음은 3씩, 셋째 번 묶음은 5씩 커집니다.

이와 같은 규칙으로 6째 번 묶음에 있는 수들을 찾아보면 6에서 시작하여 11씩 커지므로

(6, 17, 28, 39)입니다.

따라서 6째 번 묶음에서 오른쪽의 둘째 번에 있는 수는 28입니다.

[답] 28

3 쌍을 이루고 있는 규칙을 찾아보면 앞의 수끼리는 2씩 더해지고, 뒤의 수끼리는 2씩 곱해집니다.
따라서 7째 번의 앞에 있는 수는 $9+2+2=13$이고, 뒤에 있는 수는 $48\times2\times2=192$이므로 (13, 192)입니다.
[답] (13, 192)

4 분모와 분자의 규칙이 다르므로 각각의 규칙을 찾아봅니다.
분자의 규칙: 1, 2, 4, 7, 11, … 과 같이 더하는 수가 1씩 커집니다. (+1 +2 +3 +4)
분모의 규칙: 11, 13, 15, 17, 19, … 와 같이 2씩 커집니다. (+2 +2 +2 +2)
이와 같은 규칙으로 수를 나열해 보면 $\frac{16}{21}$, $\frac{22}{23}$, $\frac{29}{25}$, …이므로 처음으로 1보다 커지는 것은 $\frac{29}{25}$이고 8째 번 수입니다.
[답] 8째 번

11 배열의 규칙 p.94~p.95

예제 [답] ① 2, 3, 4, 0 ② 1, ㄱ
③ 0, 첫, 1, 둘 ④ 19, 20

예제 [답] ① 2 ② 8, 7, 9, 11, 13, 50
③ 2 ④ 9, 8, 10, 12, 14, 16, 73

유형 11-1 손가락의 수 배열 p.96~p.97

1

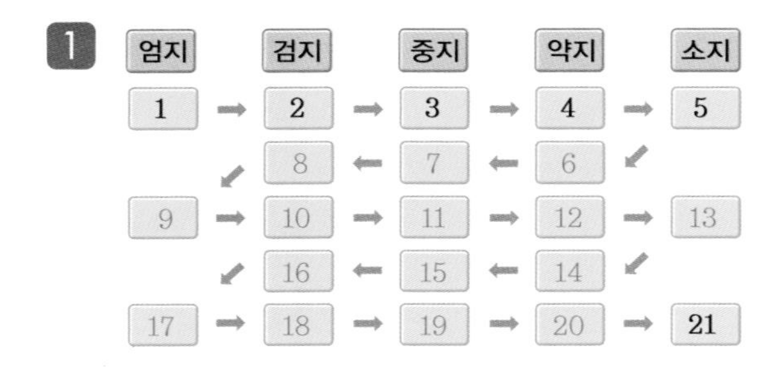

2

8로 나눈 나머지	0	1	2	3	4	5	6	7
손가락 위치	검지	엄지	검지	중지	약지	소지	약지	중지

3 $326\div8=40\cdots6$
[답] 6

4 8로 나누었을 때의 나머지가 6이므로 약지로 세면 됩니다.
[답] 약지

확인문제

1 1부터 6까지의 수의 위치가 반복됩니다. 네 사람이 말하는 수들을 6으로 나눈 나머지로 나타낸 후, 나머지에 따라 수를 말한 사람의 이름을 쓰면 다음과 같습니다.

6으로 나눈 나머지	0	1	2	3	4	5
이름	주영	영민	주영	슬기	용준	슬기

$186\div6=31$에서 나머지는 0이므로 186을 말하는 사람은 주영이입니다.
[답] 주영

2 실로폰을 치는 순서대로 번호를 붙이면 1부터 14까지 14개씩 같은 위치에 반복됩니다.
$155\div14=11\cdots1$에서 나머지가 1이므로 155째 번에 치는 건반은 낮은 도입니다.
[답] 낮은 도

유형 11-2 ㄴ자 형태의 수 배열 p.98~p.99

1 $1+(2+4+6+8+10+12+14+16)=73$
[답] 73

2 [답] 왼쪽으로 2칸

3 [답] 1씩 늘어납니다.

4 $73+2=75$
[답] 75

5 1열은 1×1, 2×2, 3×3, 4×4, 5×5, …이므로 7행 1열의 수는 7×7=49입니다.
7행 1열에서 오른쪽으로 1칸씩 갈 때마다 1씩 줄어듭니다. 따라서 7행 3열의 수는 49−2=47입니다.
[답] 47

1 각 행의 첫째 번 수의 규칙을 찾아보면 다음과 같습니다.

1, 2, 4, 7, 11, …
(+1 +2 +3 +4)

따라서 10행의 첫째 번 수는
11+(5+6+7+8+9)=46이므로 5째 번 수는
46+4=50입니다.
[답] 50

2 꺾이는 점을 나열해 보면 다음과 같습니다.

2, 3, 5, 7, 10, 13, 17, 21, …
(+1 +2 +2 +3 +3 +4 +4 …)

맨 처음 1이 늘어난 것을 제외하면 1씩 커지면서 두 번씩 반복되는 것을 알 수 있습니다.
따라서 16째 번으로 꺾이는 점에 써 있는 수는
2+(1+2+2+3+3+4+4+5+5+6+6+7+7+8+8)=73이 됩니다.
[답] 73

창의사고력 다지기 p.100~p.101

1 각 꼭짓점에 있는 수는 4로 나누어 나머지가 같은 수끼리 모은 것입니다.

나머지	수
0(ㄱ)	0, 4, 8, 12, 16, 20, …
1(ㄴ)	1, 5, 9, 13, 17, 21, …
2(ㄷ)	2, 6, 10, 14, 18, 22, …
3(ㄹ)	3, 7, 11, 15, 19, 23, …

237÷4=59 … 1로 나머지가 1이므로 꼭짓점 ㄴ에 있습니다.
꼭짓점 ㄴ의 수는 1, 5, 9, 13, …으로 4씩 커지므로 237=1+4×59에서 237은 60째 번 수입니다.
[답] 꼭짓점 ㄴ, 60째 번

2 대각선에 있는 수들을 나열해 보면 다음과 같습니다.

1, 3, 7, 13, 21, 31, …
(+2 +4 +6 +8 +10)

9행 9열에 오는 수는 1+(2+4+6+8+10+12+14+16)=73입니다. 대각선에 있는 수에서 홀수 행의 수들은 왼쪽으로 1칸씩 이동하면 1씩 줄어들고, 위쪽으로 1칸씩 이동하면 1씩 늘어납니다.
따라서 6행 9열의 수는 9행 9열에서 위쪽으로 3칸 이동한 수이므로 73+3=76입니다.
[답] 76

3 각 손가락이 세는 수는 18개씩 같은 위치에서 반복됩니다. 162÷18=9에서 18로 나누어 떨어지므로 왼손의 약지로 세면 됩니다.

왼손					오른손				
소지	약지	중지	검지	엄지	엄지	검지	중지	약지	소지
1	2	3	4	5	6	7	8	9	10
	18	17	16	15	14	13	12	11	
19	20	21	22	23	24	25	26	27	28
	36	35	34	33	32	31	30	29	
37	38	39	40	41	42	43	44	45	46

[답] 왼손의 약지

4

	1열	2열	3열	4열
1행	1	4	9	16
2행	2	3	8	15
3행	5	6	7	14
4행	10	11	12	13

대각선에 있는 수들의 규칙을 찾아 나열해 보면 다음과 같습니다.

1, 3, 7, 13, 21, 31, …
(+2 +4 +6 +8 +10)

따라서 대각선의 수 중에서 93에 가장 가까운 수는 1+(2+4+6+8+10+12+14+16+18)=91이고 10행 10열의 수입니다. 여기에 2를 더한 수 93은 10행 10열에서 위쪽으로 2칸 올라간 수이므로 8행 10열이 됩니다.
[답] 8행 10열

12 약속과 암호 p.102~p.103

예제 [답] ② 3, 오른쪽, 3
③ 오른쪽, 3, L, O, N, D, O, N, LONDON

예제 [답] ② A, R, I, S
③ S, E, O, U, L, SEOUL

유형 12-1 도형 암호 p.104~p.105

1 [답] 5, −, 7

2 [답] 9÷3+6−4=5

3 [답] 8−2×3+5=7

확인문제

1 암호가 나타내는 수는 직각의 개수입니다.

ㄱㄴ =2 ㄱ○ =1 ○○ =0 ⊏⊞ =8

따라서 ○⊞ =4 ⊏ㄱ =3입니다.

[답] 4, 3

2 전화기의 자판은 오른쪽과 같습니다.

1 ㄱ	2 ㄴ	3 ㄷ
4 ㄹ	5 ㅁ	6 ㅂ
7 ㅅ	8 ㅇ	9 ㅈ
* ㅣ	0 ·	# ㅡ

[답] 전봇대

유형 12-2 곱 암호 p.106~p.107

1 A는 1행 1열이므로 (1, 1), C는 3행 1열이므로 (3, 1), T는 5행 4열이므로 (5, 4), O는 5행 3열이므로 (5, 3)으로 나타냅니다.
[답] A(1, 1), C(3, 1), T(5, 4), O(5, 3)

2 J U I C E
(5, 2) (1, 5) (4, 2) (3, 1) (5, 1)
[답] (5, 2), (1, 5), (4, 2), (3, 1), (5, 1)

3 (2, 1) → B, (4, 2) → I, (3, 4) → R, (5, 4) → T, (3, 2) → H, (4, 1) → D, (1, 1) → A, (5, 5) → Y
[답] BIRTHDAY

확인문제

1 [답]

×	1	2	3	4	5
1	A	J	K	T	U
2	B	I	L	S	V
3	C	H	M	R	W
4	D	G	N	Q	X
5	E	F	O	P	Y

2 HELP를 다음과 같이 곱 암호로 표시한 후, 알파벳을 넣어 봅니다.

×	1	2	3	4	5
1	A	B	C	D	E
2	F	G	H	I	J
3	K	L	M	N	O
4	P	Q	R	S	T
5	U	V	W	X	Y

(2, 1), (4, 3), (2, 4), (1, 5), (3, 4), (1, 4)
➡ FRIEND
[답] FRIEND

창의사고력 다지기 p.108~p.109

1 숫자는 자음을, 원 숫자는 모음을 나타냅니다.

ㄱ	ㄴ	ㄷ	ㄹ	ㅁ	ㅂ	ㅅ	ㅇ	ㅈ	ㅊ	ㅋ	ㅌ	ㅍ	ㅎ
1	2	3	4	5	6	7	8	9	10	11	12	13	14

ㅏ	ㅑ	ㅓ	ㅕ	ㅗ	ㅛ	ㅜ	ㅠ	ㅡ	ㅣ
①	②	③	④	⑤	⑥	⑦	⑧	⑨	⑩

[답] 8④213⑩4

2 알파벳을 순서대로 나열합니다. 알파벳의 오른쪽에 붙은 4가지 모양 '▷, ◁, ▽, △' 은 각각
▷: 오른쪽으로 한 칸, ◁: 왼쪽으로 한 칸,
▽: 오른쪽으로 두 칸, △: 왼쪽으로 두 칸
을 나타냅니다.
따라서 A▷ P◁ M▽ M△은 BOOK으로 해독할 수 있습니다.
[답] BOOK

3 $(7+3)\times2\div5-1=3$
[답] 3

4 다음과 같이 곱 암호표를 만들어 해독하면 FRANCE입니다.

×	가	나	다	라	마
가	A	B	C	D	E
나	F	G	H	I	J
다	K	L	M	N	O
라	P	Q	R	S	T
마	U	V	W	X	Y

[답] FRANCE

V 측정

13 단위넓이 p.112~p.113

예제 [답] ① 4 ② 4, 25

유제 정사각형 ㅁㅂㅅㅇ을 돌리면 정사각형 ㅁㅂㅅㅇ의 넓이는 정사각형 ㄱㄴㄷㄹ의 넓이의 $\frac{1}{2}$인 것을 알 수 있습니다.

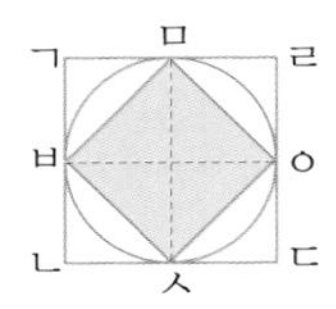

[답] 160

예제 [답] ① 3, 3, 1, 3, 2, 2, 4
② 2, 3, 2, 3, 6
③ 4, 6

유형 13-1 직각이등변삼각형 안의 정사각형 p.114~p.115

1 작은 삼각형 2개의 넓이가 27이므로 작은 삼각형 4개로 이루어진 삼각형 (가)의 넓이는 $27\times2=54$입니다.
[답] 54

2 색칠된 정사각형의 넓이는 삼각형 (나)의 전체 넓이인 54의 $\frac{4}{9}$이므로 $54\div9\times4=24$입니다.
[답]

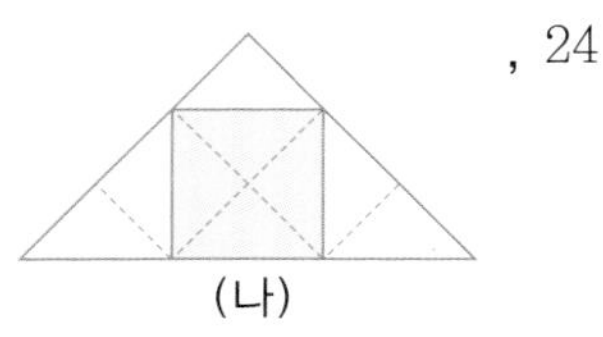

, 24

확인문제

1 큰 정육각형은 오른쪽과 같이 크기와 모양이 같은 24개의 삼각형으로 나누어집니다. 큰 정육각형의 넓이가 24이므로 삼각형 1개의 넓이는 1이고, 색칠된 부분의 넓이는 삼각형 9개의 넓이와 같으므로 $1\times9=9$입니다.

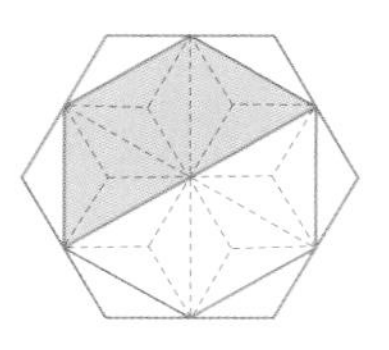

[답] 9

2 작은 정사각형의 넓이가 25이므로 색칠된 부분의 넓이도 25입니다.

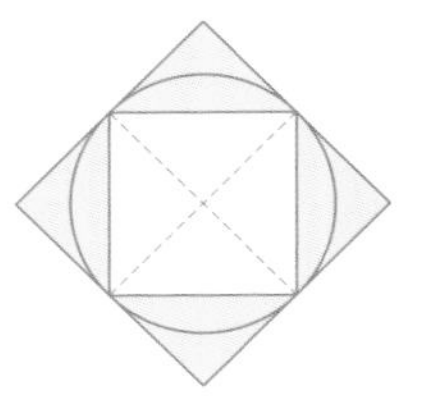

[답] 25

유형 13-2 넓이가 같은 삼각형 p.116~p.117

1 [답]

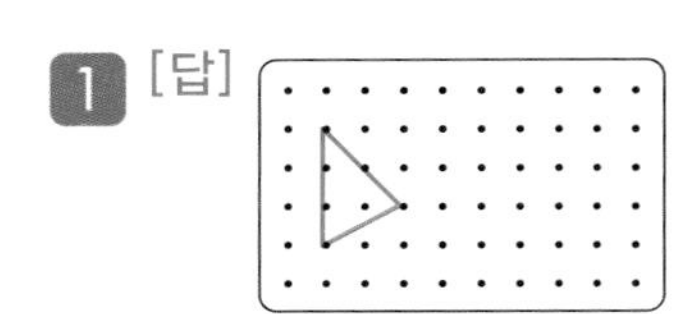

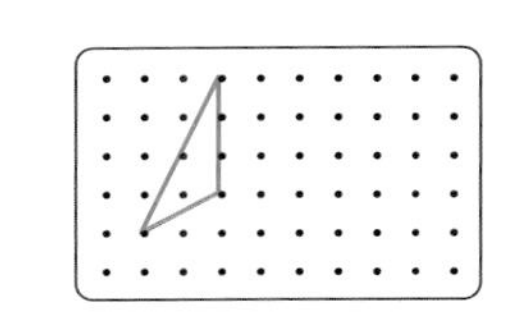

2 [답]

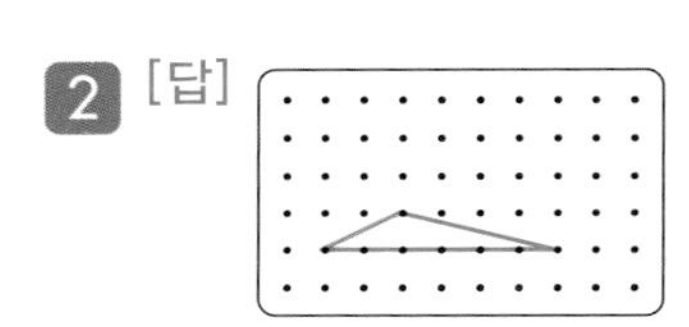

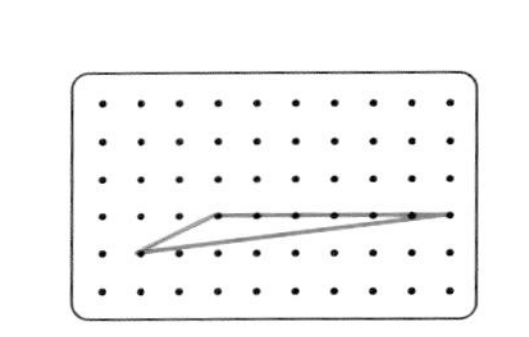

3 [답]

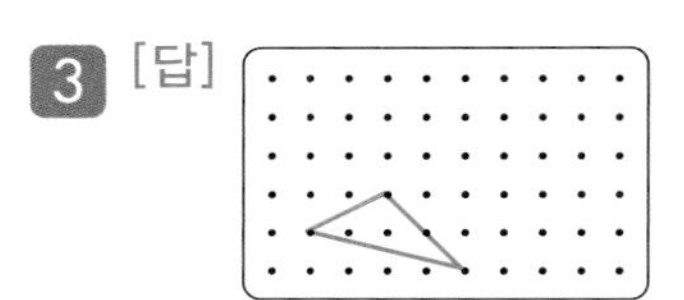

확인문제

1 그림을 삼각형 2개와 사다리꼴 2개로 나누어서 넓이를 계산합니다.

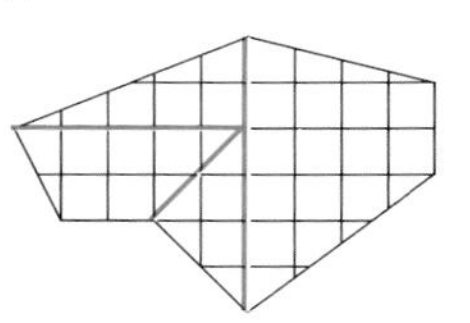

$(5\times2\times\frac{1}{2})+(5+2)\times2\times\frac{1}{2}+(4\times2\times\frac{1}{2})$
$+(6+2)\times4\times\frac{1}{2}=32$

[답] 32

2 정사각형 모양의 전체 넓이에서 삼각형 4개의 넓이를 빼 줍니다.

$(4\times4)-\{(1\times3\times\frac{1}{2})+(1\times1\times\frac{1}{2})+(2\times3\times\frac{1}{2})+(2\times1\times\frac{1}{2})\}=16-6=10(\text{cm}^2)$

[답] 10cm^2

창의사고력 다지기 p.118~p.119

1 삼각형을 돌리면 색칠된 부분은 다음과 같습니다.

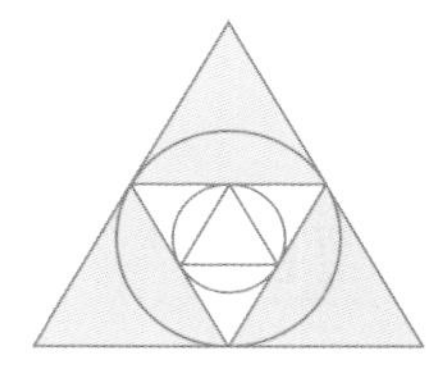

색칠된 부분의 넓이가 36이므로 둘째 번으로 큰 정삼각형 하나의 넓이는 $36\div3=12$이고, 이것은 가장 작은 정삼각형 4개로 이루어져 있으므로 가장 작은 정삼각형의 넓이는 $12\div4=3$입니다.

[답] 3

2 ㉠ 8 ㉡ 10.5 ㉢ 8.5 ㉣ 8 ㉤ 7.5 ㉥ 6.5

[답] ㉠, ㉣

3 정사각형을 다음과 같이 크기와 모양이 같은 삼각형으로 나누어 색칠된 부분의 넓이를 비교합니다.

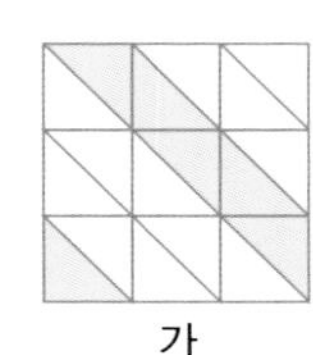
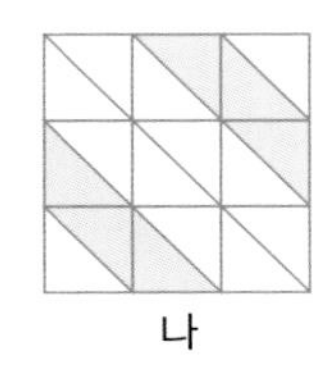

가와 **나** 모두 색칠된 부분이 작은 삼각형 6개로 이루어졌으므로 **나**의 색칠된 부분의 넓이는 **가**의 색칠된 부분의 넓이와 같은 12입니다.

[답] 12

4

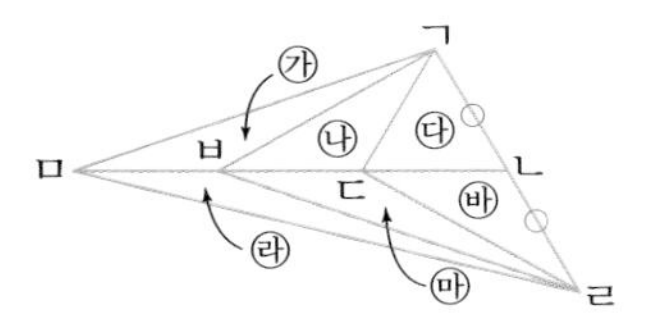

변 ㄴㅁ의 길이는 변 ㄴㄷ 길이의 2배이므로 변 ㄴㅁ의 한가운데 ㅂ을 점 ㄱ과 이으면 삼각형 ㉮, ㉯, ㉰는 밑변의 길이가 모두 같고, 높이가 일정하므로 넓이가 같습니다.

점 ㄴ, 점 ㅂ을 점 ㄹ과 이어 만든 삼각형 ㉱, ㉲, ㉳의 밑변의 길이와 높이도 각각 같으므로 넓이가 같습니다. 또한, 삼각형 ㉰, ㉳에서 변 ㄱㄷ과 변 ㄷㄹ의 길이가 같고, 높이가 일정하므로 넓이가 같습니다.

즉, 삼각형 6개의 넓이가 모두 같으므로 삼각형 ㄱㄹㅁ의 넓이는 $10\times6=60(\text{cm}^2)$입니다.

[답] 60cm^2

14 합동을 이용한 도형의 넓이 p.120~p.121

예제 [답] ① $\frac{1}{4}$

② $\frac{1}{2}$; 직각 ; 직각, 한 변, 양 끝각

③ $\frac{1}{4}$

예제 [답] ① ㅁㄴㅂ, ㅁㄹㅅ

② 합동

③ 중심

유형 14-1 겹쳐진 정사각형 p.122~p.123

1 삼각형 ㄱㅇㄴ과 삼각형 ㄹㅇㄷ은 합동이므로 위치를 옮기면 색칠된 부분 하나의 넓이는 색종이 넓이의 $\frac{1}{4}$이 됩니다. 따라서 겹쳐진 ㉠, ㉡의 넓이는 각각 색종이 넓이의 $\frac{1}{4}$입니다.

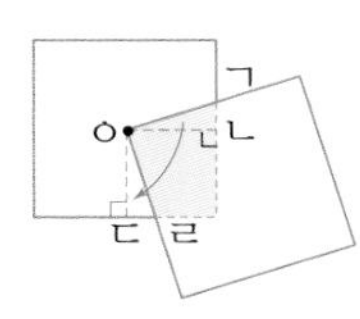

[답] $\frac{1}{4}$

2 $(4\times4\div4)+(4\times4\div4)=8(cm^2)$
[답] 8cm²

3 $(4\times4\div4)+(4\times4\div4)+(4\times4\div4)+(4\times4\div4)=16(cm^2)$
[답] 16 cm²

1

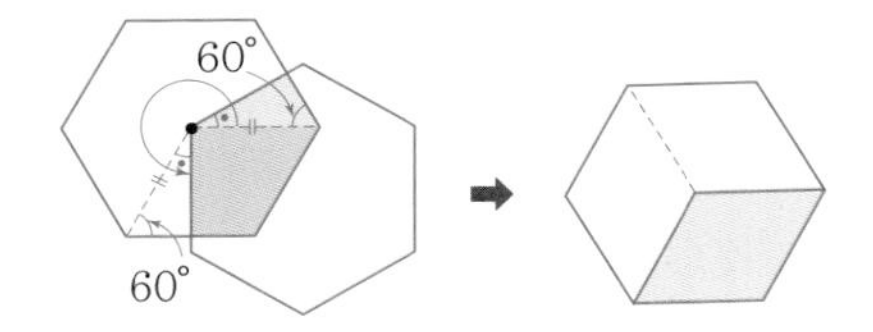

→ $30\times\frac{1}{3}=10(cm^2)$
[답] 10cm²

2 합동인 도형을 찾아 색칠한 부분의 위치를 옮겨 봅니다.

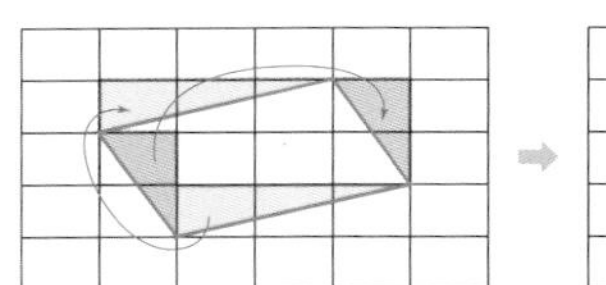 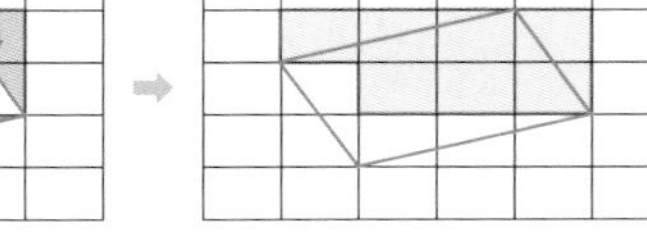

➡ $(10\times7)\times7=490(cm^2)$
[답] 490cm²

유형 14-2 넓이의 이등분 p.124~p.125

1 [답] ①

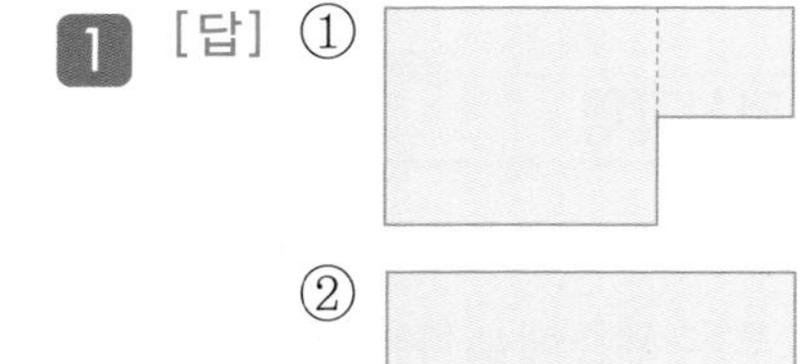

②

2 [답] ①

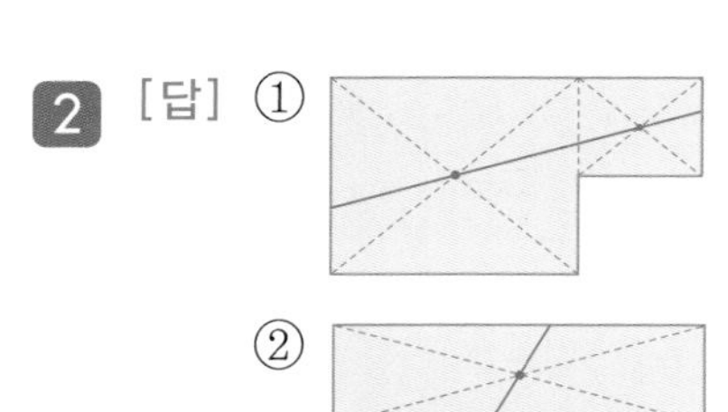

②

3 [답] ③

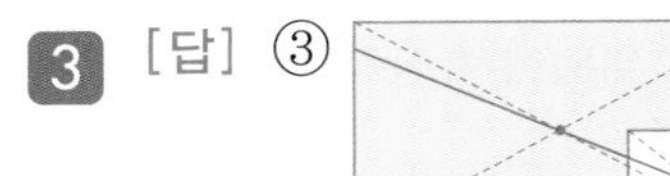

1 색칠한 부분을 제외한 나머지 부분을 이등분해 봅니다.

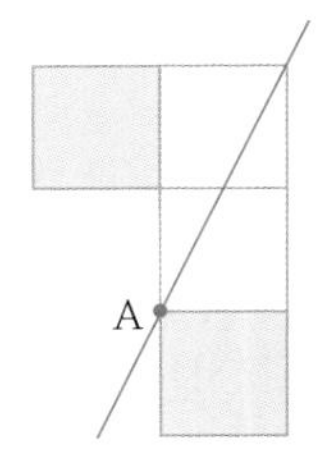

[답] 풀이 참조

2 꼭짓점에서 마주 보는 변의 이등분점을 지나는 직선을 긋습니다.

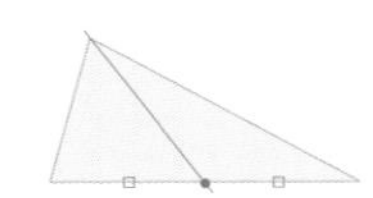 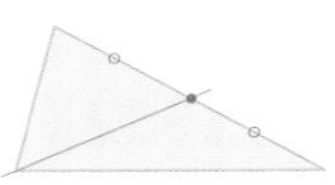 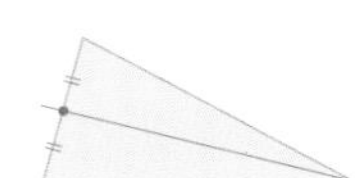

[답] 풀이 참조

창의사고력 다지기 p.126~p.127

1 가의 색칠된 부분은 2개의 정사각형을 각각 이등분한 삼각형이므로 색칠된 부분의 넓이는 전체 넓이의 $\frac{1}{2}$입니다.
따라서 정사각형 2개의 중심을 이으면 색칠된 부분과 넓이가 같아집니다.

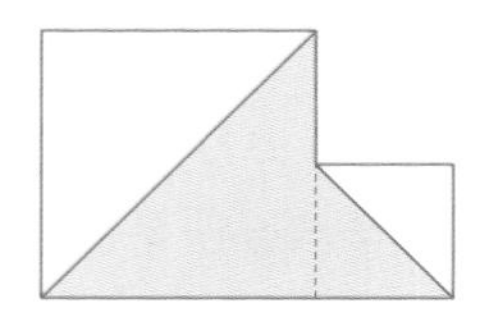

[답] 예

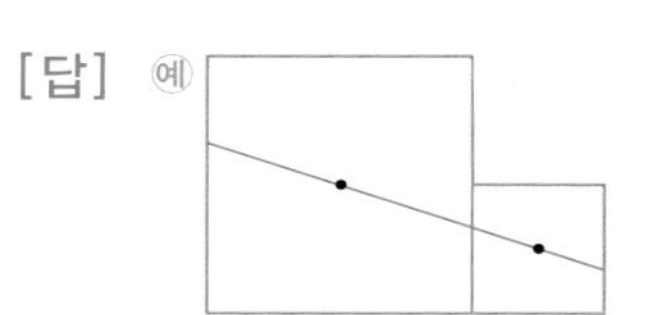

2 다음과 같이 같은 모양으로 표시된 부분들의 넓이는 같습니다.

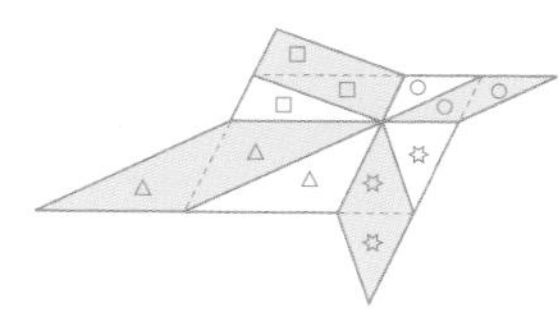

따라서 색칠된 바람개비의 넓이는 평행사변형 모양의 종이와 넓이가 같으므로 넓이는 $100cm^2$입니다.
[답] $100cm^2$

3

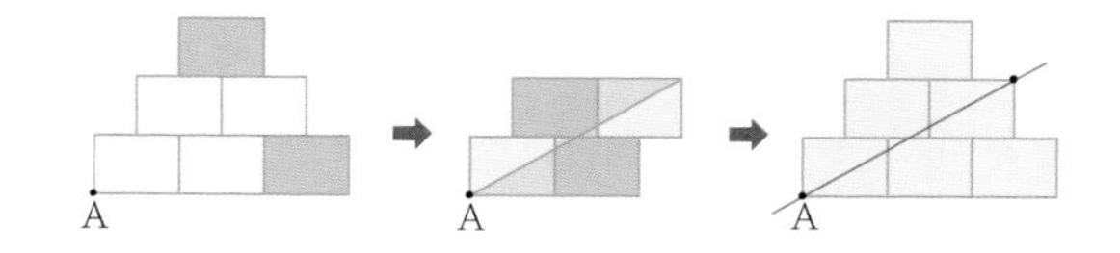

[답] 풀이 참조

4 바깥쪽의 작은 정사각형들을 돌리면 오른쪽과 같은 모양을 만들 수 있습니다.

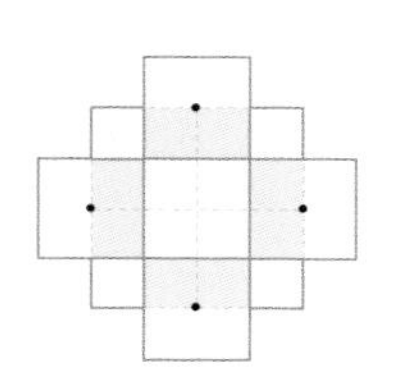

이때, 큰 정사각형의 넓이는 가장 작은 정사각형 16조각의 넓이와 같고, 색칠한 부분은 가장 작은 정사각형 8개로 이루어져 있습니다.
가장 작은 정사각형 한 개의 넓이는 $3\times3=9(cm^2)$이므로 색칠한 부분의 넓이는 $9\times8=72(cm^2)$입니다.
[답] $72cm^2$

15 도형의 둘레와 넓이 p.128~p.129

예제 [답] ① 34
② 작아, 34, 작게
③ 8, 9, 72

예제 [답] ① 수직
② 작을, 4, 5
③ 수직, 4, 5, 4, 5, 10

유형 15-1 서로 다른 길이의 막대로 직사각형 만들기 p.130~p.131

1 $1+2+3+4+5+6+7+8+9=45$이므로 둘레의 길이가 짝수가 되어야 하고, 넓이가 가장 커야 하므로 가장 짧은 길이인 1cm 막대를 빼어 둘레의 길이를 44cm로 만들면 됩니다.
[답] 1cm

2 가로와 세로가 같을 때 넓이가 가장 넓습니다.
따라서 $44\div4=11(cm)$에서 가로와 세로가 모두 11cm가 되어야 합니다.
[답] 11cm, 11cm

3 [답] 예

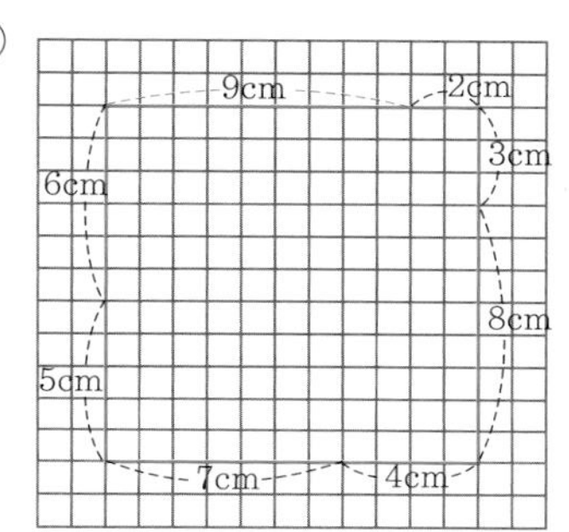

4 넓이가 가장 큰 직사각형은 한 변의 길이가 11cm인 정사각형이므로 넓이는 $11\times11=121(cm^2)$입니다.
[답] $121cm^2$

확인문제

1 직사각형의 넓이가 가장 크게 되려면 가로와 세로의 차가 가장 작아야 합니다. 8개의 막대의 합은 $(4\times2)+(5\times4)+(6\times2)=40(cm)$이므로 가로와 세로가 $40\div4=10(cm)$로 같을 때 넓이가 가장 커집니다.
따라서 넓이가 가장 큰 직사각형의 넓이는 $10\times10=100(cm^2)$입니다.
[답] $100cm^2$

2 넓이가 일정한 직사각형은 가로와 세로의 길이의 차가 클수록 둘레의 길이가 깁니다.
(넓이)=(가로)×(세로)이고, 넓이가 $40m^2$가 되는 경우는 가로, 세로의 길이가 (40, 1), (20, 2), (10, 4),

(8, 5)일 때의 4가지이므로 이 중에서 둘레의 길이가 가장 긴 것은 가로와 세로의 길이의 차가 가장 큰 가로 40m, 세로 1m인 경우입니다.
[답] 가로 40m, 세로 1m

유형 15-2 대각선과 넓이 p.132~p.133

1 밑변의 길이가 일정할 때 높이가 가장 큰 삼각형의 넓이가 가장 큽니다.
[답] 90°

2 (2+5, 9+12), (2+12, 5+9), (2+9, 5+12)
[답] (7cm, 21cm), (14cm, 14cm), (11cm, 17cm)

3 $14\times14\times\frac{1}{2}=98(\text{cm}^2)$
[답] 98cm²

확인문제

1

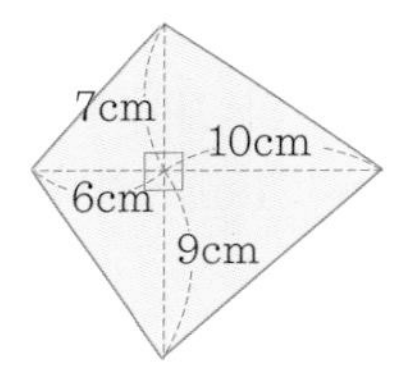

두 개의 대각선이 서로 수직이고, 두 대각선의 길이의 차가 작을수록 넓이가 큰 사각형을 만들 수 있습니다.
➡ $16\times16\div2=128(\text{cm}^2)$
[답] 128cm²

2

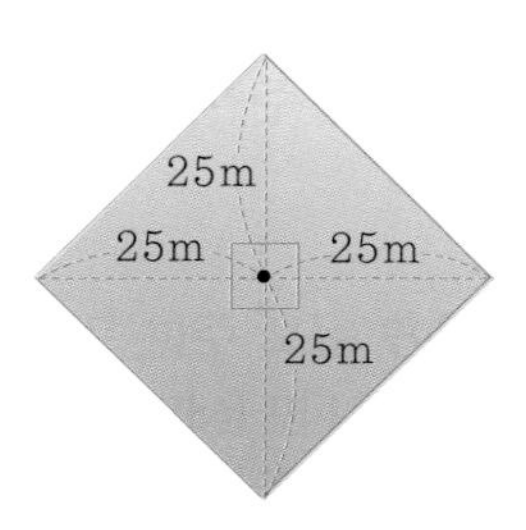

➡ $50\times50\div2=1250(\text{m}^2)$
[답] 1250m²

창의사고력 다지기 p.134~p.135

1 막대의 개수가 가장 적은 경우는 둘레의 길이가 가장 작을 때입니다. 넓이가 36m²로 일정한 직사각형 모양에서 둘레의 길이가 가장 작을 때는 가로와 세로의 길이의 차가 가장 작을 때입니다.
$36=1\times36=2\times18=3\times12=4\times9=6\times6$이므로 가로와 세로가 각각 6m일 때 차가 가장 작습니다.
따라서 필요한 1m 막대의 개수는 $6\times4=24$(개)입니다.
[답] 24개

2 대각선의 한 쪽을 5cm, 1cm, 3cm로 하고 다른 한 쪽을 4cm, 6cm로 정하면 두 대각선의 길이의 차가 1cm로 가장 작게 됩니다.
따라서 넓이가 가장 큰 사각형의 넓이는
$10\times9\times\frac{1}{2}=45(\text{cm}^2)$입니다.
[답] 45cm²

3 두 대각선의 길이가 일정한 사각형은 대각선이 서로 수직일 때 넓이가 가장 크고, 두 대각선의 길이의 차가 작을수록 넓이는 커집니다.
따라서 대각선의 길이의 차가 16−14=2(m)인 민지와 훈재의 땅이 청수의 땅보다 넓고, 민지와 훈재 중에서는 두 대각선이 수직으로 만나는 민지의 땅이 더 넓습니다.
[답] 민지

4 모든 나무토막의 길이의 합은
$(8\times2)+(5\times6)+(4\times2)=54$(m)이고, 이것을 모두 사용하므로 가로와 세로의 길이의 합은 27m가 되어야 합니다. 27m는 각 길이의 나무토막 개수의 절반씩 필요하고, 직사각형의 넓이가 가장 커야 하므로 가로와 세로의 길이의 차가 가장 작아야 합니다.
또, 가로가 세로보다 길어야 하므로 울타리의 가로는 14m, 세로는 13m입니다.
가로: 5+5+4=14(m), 세로: 8+5=13(m)
따라서 가로 부분을 만드는 데 사용되는 나무토막은 5m짜리 2개, 4m짜리 1개입니다.
[답] 5m짜리 2개, 4m짜리 1개

Memo

Memo

팩토는 자유롭게 자신감있게 창의적으로
생각하는 주·니·어·수·학·자입니다.

Free Active Creative Thinking O. Junior mathtian

논리적 사고력과 창의적 문제해결력을 키워 주는

매스티안 교재 활용법!

대상	창의사고력 교재		연산 교재
	팩토슐레 시리즈	팩토 시리즈	원리 연산 소마셈
4~5세	 팩토슐레 Math Lv.1 (6권)		
5~6세	 팩토슐레 Math Lv.2 (6권)		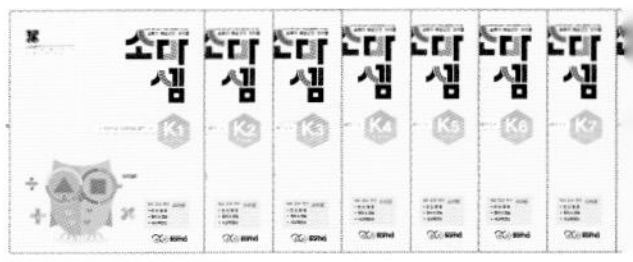
6~7세	 팩토슐레 Math Lv.3 (6권)	킨더팩토 A 킨더팩토 B 킨더팩토 C 킨더팩토 D	소마셈 K시리즈 K1~K8
7세~초1		 키즈 원리A, 탐구A 키즈 원리B, 탐구B 키즈 원리C, 탐구C	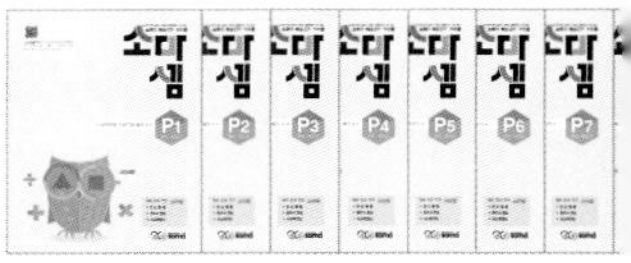 소마셈 P시리즈 P1~P8
초1~2		 Lv.1 원리A, 탐구A Lv.1 원리B, 탐구B Lv.1 원리C, 탐구C	 소마셈 A시리즈 A1~A8
초2~3		 Lv.2 원리A, 탐구A Lv.2 원리B, 탐구B Lv.2 원리C, 탐구C	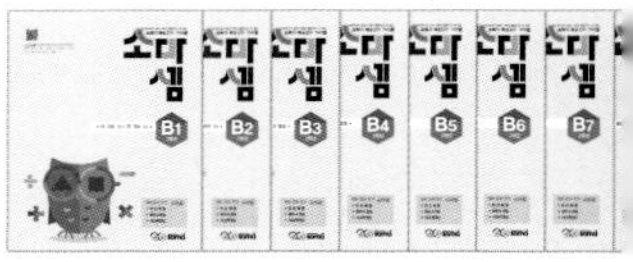 소마셈 B시리즈 B1~B8
초3~4		 Lv.3 원리A, 탐구A Lv.3 원리B, 탐구B Lv.3 원리C, 탐구C	 소마셈 C시리즈 C1~C8
초4~5		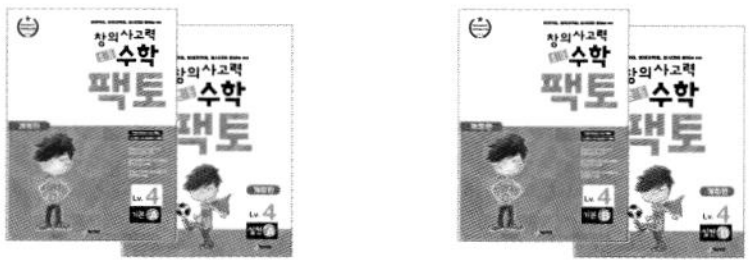 Lv.4 기본A, 실전A Lv.4 기본B, 실전B	 소마셈 D시리즈 D1~D6
초5~6		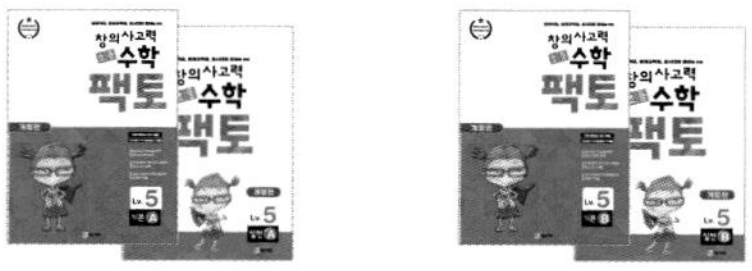 Lv.5 기본A, 실전A Lv.5 기본B, 실전B	
초6~		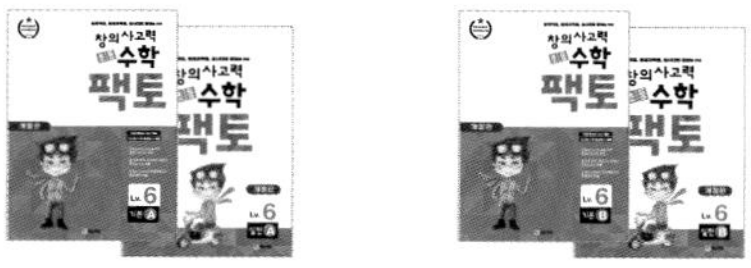 Lv.6 기본A, 실전A Lv.6 기본B, 실전B	